아이의
마음
읽기

부모되는 철학시리즈 16

함께 나누는 행복 이야기

부모 노릇은 지구상에서 가장 힘들고 까다로우며 스트레스가 따른다. 동시에 가장 중요한 일이기도 하다. 아이를 어떻게 키우느냐에 따라 다음 세대의 마음과 의식과 영혼, 의미와 유대감에 대한 아이의 경험, 삶에서 아이가 터득하는 기술, 아이의 내밀한 감정 변화와 급변하는 세계 속에서 아이가 설 위치가 달라지기 때문이다.

"부모되는 철학 시리즈"는 아이의 올바른 성장을 돕는 교육적 가치관을 정립하고 더 행복한 가정을 만들어 가는 데 긍정적인 역할을 할 것이다. 부모가 행복해야 아이들도 행복하다. 행복한 아이들, 행복한 부모, 행복한 가정 속에 미래를 꿈꾸며 성장시키는 것이 부모되는 철학의 힘이다.

아이의 마음 읽기

아이는 언제나 부모에게 신호를 보내고 있어요

초판 1쇄 발행 2021년 2월 28일
초판 2쇄 발행 2022년 10월 15일

글. 최순자
그림. 서지연(능현)
펴낸이. 김태영

씽크스마트
서울특별시 마포구 토정로 222
한국출판콘텐츠센터 401호
전화. 02-323-5609

블로그. blog.naver.com/ts0651
페이스북. @official.thinksmart
인스타그램. @thinksmart.official
이메일. thinksmart@kakao.com

ISBN 978-89-6529-265-4 (13590)
© 2022 최순자

•씽크스마트 - 더 큰 생각으로 통하는 길
'더 큰 생각으로 통하는 길' 위에서 삶의 지혜를 모아 '인문교양, 자기계발, 자녀교육, 어린이 교양·학습, 정치사회, 취미생활' 등 다양한 분야의 도서를 출간합니다. 바람직한 교육관을 세우고 나다움의 힘을 기르며, 세상에서 소외된 부분을 바라봅니다. 첫 원고부터 책의 완성까지 늘 시대를 읽는 기획으로 책을 만들어, 넓고 깊은 생각으로 세상을 살아갈 수 있는 힘을 드리고자 합니다.

•도서출판 사이다 - 사람과 사람을 이어주는 다리
사이다는 '사람과 사람을 이어주는 다리'의 줄임말로, 서로가 서로의 삶을 채워주고, 세워주는 세상을 만드는데 기여하고자 하는 씽크스마트의 임프린트입니다.

아이의 마음 읽기

최순자 **지음**

모두가 행복한 공동체가 되기 위한 해답서

저자인 최순자 교수님과의 인연은 10년 전, 내가 박사과정 1학기일 때부터 시작되었다. 다시 도전한 학문의 길에서, '유아의 사회적 관계 세미나' 과목을 맡으셨던 교수님은 나에게 생각해볼 만할 많은 질문을 던져주셨고 그 방향도 제시해주셨다. 무엇보다 유아교육자로서의 경험을 글로 써볼 것을 권하셨다. 그리하여 함께 글을 쓰며 추억을 만들기도 했다.

교수님은 처음 만난 그때처럼 국제아동발달교육연구원 원장으로서 아동 심리, 발달 심리, 부모 교육 분야에서 다양한 일을 하시며 유아교육자와 부모들에게 변함없이 많은 도움을 주고 계신다.

세상에 나오게 된 『아이의 마음 읽기』가 기대된다. 모두가 행복한 공동체가 되기 위한 답이 아닐까? 하는 생각에 가슴이 뛴다. 『아이의 마음 읽기』에 들어가 있는 다양한 사례들은 무엇보다도 '알아차림'을 실천하는 데 도움이 될 것이다.

여기에 실린 사례들은 다른 사람들의 이야기지만 나 자신의 이야기일 수도 있다. 자신의 경험을 회상하며 읽는다면 아이의 마음뿐만 아니라 나를 이해하는 시간이 될 것이다.

『아이의 마음 읽기』로 아이의 마음과 함께 자신의 마음을 보면서 서로 성장하는 시간이 되기를 바란다. 상대의 마음을 공감하고 이해하며, 모두가 행복한 공동체를 만드는 데 최순자 교수님의 이 저서가 귀감이 되기를 바란다.

우즈베키스탄 한국국제대학교 유아교육과 교수 **박부숙**

자녀교육을 재정립하고
아이의 심리를 알게 하는 처방전이 되길

"이번 생에 부모는 처음이라서…… 어떻게 키워야 할지 모르겠어요."

이렇게 부모들은 늘 고민합니다. 첫째 아이라서, 아들이랑 딸은 달라서…… 어떻게 해야 할지 잘 모르겠다는 부모들이 많습니다. 자녀를 키울 때 관련 지식을 어렴풋이 알고 실행했다가 오히려 문제가 생기고, 좋은 부모가 되고 싶은데 그 내용과 방법을 잘 몰라 어떻게 해야 하는지 모르겠다고 호소하는 분들 말입니다.

이런 시점에 자녀 교육을 재정립하고 아이의 심리를 알게 하는 처방전이 되어줄 『아이의 마음 읽기』가 출간된 것은 매우 뜻깊은 일입니다. 이 책은 그동안 부모가 중심이 되어 자녀를 양육하던 방법이 달라져야 한다는 메시지를 주고 있습니다. 또한 이 책은 양육자가 자녀가 무엇을 원하는지에 관심을 갖고 자녀가 원하는 방법으로 문제를 해결할 수 있도록 돕고 있습니다. 현장에서 아이들과 함께 오랜 시간을 보내는 유치원·어린이집 교사는 물론, 궁극적으로 교육을 책임져야 하는 부모들의 필독서가 되어 이들의 불안감을 해소시킬 것이라 믿습니다.

『아이의 마음 읽기』는 오랜 기간 대학에서 아동 발달 심리 전문가로 활동해온 저자의 강의 경력과 현장 사례에서 오는 풍부한 경험을 바탕으로 집필되었습니다. 부디 아이들의 마음뿐만 아니라 답답한 부모들의 마음도 함께 읽어주고 보듬어주는 계기가 되길 바랍니다.

생명보험사회공헌재단 저출산해소지원 사업추진본부장 **이지영**

아이의 행동 및 마음을 반추해 본 완성도 높은 사례집

나는 아이와 부모를 만나 다양한 그들의 사례를 나누며 일상을 보내는 상담가이다. 현장에서 경험하는 다수의 사례를 요약하자면 크게 두 가지 유형으로 분류할 수 있다. 하나는 행위 자체가 문제가 되는 행동이고 다른 하나는 행위를 하지 않아서 문제가 되는 '결핍'이다. 대부분 행위 자체의 행동이다. 공격성, 섭식, 배변, 관계성, 적응, 산만함과 과잉행동 등 다양한 행위가 상담으로 이어지는 경우가 많다. 그 원인을 탐색해 보면 아이의 기질, 부모 성향, 부부 관계, 양육환경의 부정적 경험에서 오는 정서로 인한 것들이 대부분이다. 그런가 하면 행위 결핍에서 발달 지연으로 이어지는 사례도 있다. 부모의 과잉보호로 발달과정에서 행위를 차단하거나 제한된 영역의 경험 부족에서 오는 행위 결핍, 자극 부족, 언어소통 문제 등……. 특히 외동아나 개인주의 경향에서 오는 소통의 문제가 언어 발달 지체로 이어지는 경우가 많다.

다양한 신경 쓰이는 행동과 행위 결핍은 부모의 자녀 교육의 어려움으로 이어진다. 보통 부모는 아이를 낳아 기르는 것이 너무 힘들다고 한다. 『아이의 마음 읽기』는 아이의 행동과 심리를 이해하는 데 도움이 될 것이므로, 부모와 교사에게 필독서로 추천하는 바이다. 저자는 아이 마음에 한 걸음 더 다가가기 위해서 교육 현장 경험과 아이의 행동 및 마음을 반추해본 사례를 모아 아이의 마음과 행동을 이해하는 데 도움이 되도록 했다.

『아이의 마음 읽기』는 다양한 사례를 통하여 아이의 발달단계에 따른 이론뿐만이 아니라 구체적인 행동 방안까지 제시하고 있어, 아이의 행동과 심리를 이해하는 데 실질적 도움과 정보를 제공하고 있다. 아이가 어떤 마음인지 이 책을 통하여 이해할 수 있기를 기대한다.

우리심리상담센터 소장·예술치료전문가 **최승희**

양육자들의 고민을 잘 풀어준 양육 참고서

저자는 2015년 『아이가 보내는 신호들』에 이어 우리 양육자분들께 『아이의 마음 읽기』라는 요긴한 양육 참고서를 선물하셨네요. 아이들의 마음은 단번에 알아차릴 수 없는 것이니 아이의 행동에 집중했으면 하고, 양육자를 포함한 가족들과의 좋은 관계 맺는 법과 이를 통해 자기긍정으로 더 행복한 아이의 성장을 돕기를 원하시는 마음을 낱낱이 풀어주셨군요.

본래 마음이라는 것이 눈으로도, 귀로도, 촉각으로도 알 수 없고 말을 해줘도, 들어도 모르는 것이라…… 그런데 아이들은 흔히 "엄마는 엄마 맘대로 하잖아." 하고 말하고, 양육자들은 양육자들대로 "○○이는 ○○이 마음대로만 하면 어떡해."라고 말하며 쌍방이 마음 전쟁을 하곤 하죠!

양육자들께서 이런 아이들의 마음을 행동으로 읽어내고 말로 표현해 준다면 우리 아이들은 자신에 대한 무한 긍정으로 어떤 조건이나 환경 속에서도 행복한 삶을 살아갈 수 있을 것입니다. 보육 현장에서 한 번도 멀어진 적이 없는 최순자 교수님께서 잘 풀어주신 양육 참고서를 통해, 부디 아이 마음을 읽어주시는 양육자로서 부모님께서도 덜 힘들고 더 행복하시길 바라봅니다.

서울중구육아종합지원센터장 **김주영**

부모에게는 양육 방법을 제시하고
보육교사들의 고민을 덜어줄 수 있는

아이들과 함께 지낸 햇수가 거듭될수록 아이들을 키우고 일상을 함께 한다는 것이 얼마나 행복하고 보람된 일인지 감사한 마음을 갖게 됩니다. 그러나 양육에 어려움을 겪고 있는 부모님들을 만나거나 보육 현장에서 해결하기 어려울 것 같은 아픔을 가진 아이들의 이야기를 들을 때도 있습니다. 이와 같은 보육의 어려움에 대해 교사들과 함께 지혜를 모아보지만 그 과정이 쉽지만은 않습니다.

파주시보육정책위원으로 파주 보육 발전을 위해 애써주신 최순자 교수님의 『아이의 마음 읽기』는 실제 사례를 들고 있어 아이와 부모들이 왜 어려움을 갖게 되었는지에 대해 초점을 맞추고, 이를 찬찬히 들여다 보게 합니다.

양육의 어려움을 해결하고자 하는 부모에게 방법을 제시해주고, 보육교사들의 고민을 덜어줄 수 있는 책이라고 생각합니다. 저자가 밝혔듯이, 이 책을 통해 모든 어른들이 소처럼 맑은 눈을 갖고 아이의 마음을 읽어주길 바랍니다.

파주시어린이집연합회회장·에덴아이어린이집 원장 전금희

영유아 발달과정에서 나타나는 사례와 그에 대한 해법을 제시하는 책

인간 발달에서 가장 중요한 시기인 영유아기, 이때 부모의 빈자리로 불안을 느낀 아이들은 소리 지르기, 과격한 행동, 퇴행 등을 보이기도 합니다. 이런 행동을 표출하지 않게 아이의 마음을 헤아리는 것이 중요합니다. 아이가 원하고 느낄 수 있는 부모의 사랑으로 아이의 마음을 채워주고 확인시켜주어야 합니다. 그래야 아이는 부모의 사랑으로 몸도 마음도 건강할 것이며 올바른 사회성을 갖게 될 것입니다.

저자는 아이들이 보이는 행동에는 아이들의 마음이 담겨 있다고 봅니다. 그 행동의 대부분이 사랑받고 싶은 대상인 부모에게 더 사랑을 받고 싶고 관심받고 싶다는 신호라는 것입니다. 이에 따라 『아이의 마음 읽기』는 영유아 발달과정에서 나타나는 사례와 그에 대한 해법을 제시하고 있습니다.

누구보다도 내 아이를 잘 키우고 싶은 부모라면 이 책을 통해 부모 역할의 중요성을 바로 알아야 합니다. 아이와의 관계를 잘 만들어서 좋은 애착 관계를 형성해나갈 수 있는 육아 지침서로 활용해도 손색이 없을 것입니다. 아이와 부모가 행복하고, 더 나아가 건강하고 행복한 세상이 이루어졌으면 하는 저자의 마음이 모든 부모에게 잘 전달되길 바라며 모든 부모에게 이 책을 추천하는 바입니다.

경상북도 보육정책위원·휴포레어린이집 원장 **김경희**

유아교육 현장 경험과 사례가 담긴 부모들의 지침서

아이들은 어른들이 생각하는 것보다 훨씬 많은 이야기를 마음에 품고 있습니다. 그 이야기는 어른의 도움 없이는 세상에 나오기 힘듭니다. 아이의 가장 가까운 어른인 '부모'만이 그것을 도와주는 역할을 할 수 있습니다.

부모가 아이의 신호에 민감하게 반응할수록 아이들의 무궁무진한 이야기는 시작됩니다. 하지만 부모도 부모가 처음이기에 이러한 신호들을 다 알 수는 없습니다. 그렇기에 이 책은 평생 아이의 발달과 심리를 연구하고 부모 역할을 중요하게 바라보는 최순자 교수님이 유아교육 현장 경험과 사례를 토대로 엮어낸 부모들의 지침서라 할 수 있습니다.

아이들의 세상은 부모가 전부라고 말할 수 있을 정도로 부모의 영향이 큽니다. 그 안에서 아이들은 세상을 배우고 소통합니다. 아이들을 있는 그대로 바라봐주고 기다리고 믿어준다면, 아이들에게 세상은 행복한 호기심으로 가득한 이야깃거리가 될 것입니다.

교육현장에 있으면서 가장 행복한 시간은 아이들의 웃음소리가 들리는 순간입니다. 부모와 교사, 아이를 사랑하는 모든 분들이 이 책을 필독하신다면 서로 이해하고 함께 웃을 수 있으리라 생각합니다.

코끼리유치원 대표·동국대학교 대학원 유아교육과 박사과정 서지연(능현)

부모와 교사들이 겪는 아이와의
소통의 어려움에 대한 해결책 제공

아침이면 교사들은 아이들에게 하늘처럼 모신다는 의미로 "모시고 안녕하세요."라는 인사를 하며 성심을 다하려는 마음을 담아냅니다. 그래도 가끔 아이들은 부모와 헤어지면 눈물을 쏟아냅니다. 교사들은 아이의 마음에 공감해주고 토닥거려줍니다만, 가슴이 아픕니다. 그 누구보다 아이에게 필요한 사람은 부모라는 사실을 확인하는 순간입니다.

『아이의 마음 읽기』에서 저자는 아이가 가장 사랑받기를 원하는 사람은 부모라고 말합니다. 부모에게서 사랑을 제대로 받지 못한 아이들은 그 불안함을 행동으로 드러내는데, 저자는 그것을 '문제행동'이라고 하지 않고 '신경 쓰이는 행동'이라고 표현합니다. 아이가 자신의 마음을 표현하고 있는 행동으로 바라보며 아이에게 다가가는 것입니다.

영유아 발달 전문가인 저자는 '어떻게 하면 모든 사람이 행복한 사회를 만들 수 있을까'라는 문제의식을 부모 자식 간의 따스한 관계로 풀어냅니다. 육아 현장에서 모은 풍부하고 구체적인 사례를 통해 아이들이 보이는 행동의 원인을 분석하고, 아이의 마음을 읽고 대응하는 방법 등을 제시하고 있습니다. 이러한 내용은 아이와의 소통의 어려움을 겪는 부모와 교사들에게 해결책을 제공해줄 것입니다.

아이 양육의 핵심은 아이 발달에 관해 제대로 알고 이를 적재적소에 적용하는 것입니다. 아이의 마음을 헤아려주고 싶고 아이와 함께 성장하기를 원하는 부모와 교사같이 아이들과의 소통에 대해 고민하는 모든 사람이 한 걸음 더 발전하는 계기가, 이 책이 되었으면 합니다.

방정환한울어린이집 교사 **조은희**

육아 가치관이 흔들릴 때마다 읽고 싶은 책

아이는 부모의 진정한 사랑을 느끼고 받아야 건강하게 자랄 수 있다. 부모의 노력으로 아이의 행동이 바뀔 수 있다는 믿음과 용기를 주는 책! 어린아이를 둔 부모라면 아이가 앞으로 살아갈 행복한 인생 각본의 완성을 위해서는 지금 이 책 『아이의 마음 읽기』를 펼쳐보아야 한다.

아이는 부모의 사랑을 먹고 자란다. 진정한 사랑을 주는 것은 그리 어려운 일이 아니다. 사랑받고 관심받고 싶어 하는 아이들이 보내는 신호, 신경 쓰이는 행동 뒤에 숨은 마음을 잘 읽어주면 된다. 아이가 편안하도록 뭘 원하고 있는지를 잘 살펴서 채워주자.

이 시대의 많은 부모들이 육아 스트레스를 호소한다. 초심으로 돌아가 아이의 마음을 잘 들여다본다면, 육아 스트레스는 곧 육아 자신감이 될 것이며 나아가 아이의 잠재력을 키워주는 부모가 될 수 있을 것이다. 『아이의 마음 읽기』, 아이들을 키우면서 내 육아 가치관이 흔들릴 때마다 읽고 싶다.

우리와 예리의 엄마이자 전남대학교 부속병원 간호사 **최선화**

아이가 바라는 사랑의 방식

부모라면 누구나 내 아이를 잘 키우고 싶다고 생각하며 신경을 많이 쓰는 것이 당연하다. 그런데 영유아 발달 전문가인 저자가 봤을 때 그 신경 쓰는 방향이 잘못된 경우가 많아서 안타까울 때가 있다.

예를 들면 대부분의 부모는 아이가 어렸을 때 한 푼이라도 더 번 뒤 나중에 아이가 컸을 때 뒷바라지해야겠다는 생각을 한다. 그래서 아이를 다른 사람에게 맡기고 경제활동에 더 주력한다. 그러나 아이의 마음을 생각해보자. 아이는 누구의 사랑을 가장 받고 싶을 것인가? 당연히 부모이다. 우리가 어린 시절 그랬듯이.

할머니나 선생님이 아무리 사랑을 줘도 아이의 마음은 채워지지 않는다. 왜냐하면 아이 마음속을 가장 많이 차지하고 있는 사람은 부모이기 때문이다. 사랑해본 사람은 안다. 내 마음을 차지하고 있는 사람이 나를 바라봐주고 사랑해줄 때 행복하다. 아이들도 마찬가지다. 그러므로 할머니가 영유아 교육기관에 아이를 맡기더라도 주 양육자는 부모가 되는 것이 바람직하다.

 부모의 사랑을 제대로 받지 못하면 아이들은 불안하다. 그 불안이 짜증 내기, 손가락 빨기, 손톱과 발톱 뜯기, 공격적인 행동 보이기, 인형이나 담요 등 애착 물건에 집착하기 등의 행동을 만들어낸다. 이런 행동은 아이를 혼낸다고 해결되지 않는다. 아이가 불안해하는 원인을 살펴야 이런 행동을 줄이거나 없앨 수 있다. 아이가 가장 사랑받고 싶은 대상인 부모의 사랑으로 아이의 마음을 채워주자.

 이 책 『아이의 마음 읽기』에서는 부모가 주길 원하는 방식의 사랑이 아닌, 아이가 바라는 사랑의 방식을 제시하고 싶었다. 그런 마음을 담아서 2015년에 출간했던 『아이가 보내는 신호들』에 들어가지 않는 내용을 중심으로, 2015부터 2019년까지 햇수로 5년간 육아 현장을 들여다본 사례를 모았다. 전부 심리상담센터의 상담 현장에서, 어린이집과 유치원에서 시행했던 부모 교육에서, 육아종합지원센터와 도서관, 문화센터에서 열었던 부모 교육 강의에서, 영유아 교사와 원장 교육 과정에서, 대학 및 대학원 강의를 하면서, 또 생활하면서 모은 98개의 사례로, 총 5개의 장으로 책을 구성했다.

 이렇게 구체적인 사례를 모으고, 여기에서 보인 아이 행동의 원인과 아이의 마음을 읽는 방법, 또 대응하는 방법 등을 알기 쉽게 제시하려 노력했다. 부디 이 책을 통해 이 땅의 모든 아이와 부모가 행복했으면 한다. 그 행복은 곧 이 세상을 행복하게 만드는 토대가 된다는 것을, 모든 어른들이 잊지 않았으면 한다.

 아이의 마음을 잘 나타낸 그림을 그려주신 서지연(능현) 대표님, 추천
사를 써주신 모든 분들, 출판을 맡아준 씽크스마트 김태영 대표님과 정
성으로 원고 교정을 해주신 백설희 편집자님, 그 외 관계자 여러분에게
감사의 마음을 전한다. 사례를 제공해준 아이와 그 부모, 교사, 원장과
학생들에게도 고마운 마음이다.

태몽인 소처럼 우직하게 걷기를
최순자

제1장
아이의 마음은
행동으로 나타나요

제2장

우리 아이가

더 좋은 사람으로 자라려면

제3장
아이와 함께
좋은 부모자식 관계를
만들어가기 위해서는

제4장

아이가 자신을

긍정적으로

생각할 수 있도록

제5장

아이를 둘러싼
가족 관계 속에서
제대로 양육하기

행동으로 나타나요

아이의 마음은

큰아이가
자꾸만 엄마의 사랑을
확인하고 싶어 해요

부모 교육을 다니다 보면 두 자녀를 둔 부모로부터 큰아이의 심리에 대한 질문을 가장 많이 받는다. 백화점 문화센터에서 주최한 부모 교육에서 이런 질문을 받았다. 아들인 큰아이가 7세이고 둘째가 29개월 딸인데, 아침에 큰아이가 유치원 버스로 가려고 하지 않고 엄마와 같이 있다가 가려고 한단다. 외할머니도 같이 참석했는데 외할머니는 지켜야 할 규칙 차원에서 어떻게 지도해야 하는지를 묻는다.

그러나 아이의 행동에는 반드시 원인이 있다. 이런 모습은 아이의 심리 중 '방어기제'에 해당하는 퇴행을 보여주는 것이다. 방어기제란 정신분석학에서 쓰는 용어다. 인간은 자신이 갖고 있는 불안을 해소하기 위해 자신도 모르게 사용하는 방법이 있는데, 이 방법을 방어기제라고 부른다. 퇴행이란 한자로 물러날 퇴退, 갈 행行으로 뒤로 물러난다는 뜻이다. 즉 더 어린 시기로 가고자 하는 심리다.

7세 아이는 엄마가 동생을 더 사랑하거나, 동생에게 자신의 사랑을 빼앗긴다는 생각을 하고 있다. 아이의 엄마는 전문직에 근무하고 있다고 했다. 아이와 충분히 시간을 보내고 있다고는 하지만, 아이의 입장에서 생각해봐야 한다. 아이는 지금 엄마의 사랑을 더 받고 싶다, 엄마의 사랑을 확인하고 싶다는 신호를 보내고 있다.

사랑해본 경험이 있는 사람은 안다. 내가 사랑한 사람이 나에게 사랑을 주어야 내 마음이 채워진다는 것을. 내가 사랑하는 이가 나를 사랑하지 않는다면, 그 누가 사랑을 주더라도 내 가슴은 채워지지 않는다. 살아갈 힘이 없고 불안하다.

아이에게는 엄마의 사랑이 절대적이다. 그 누가 대신 줄 수 없는 것이다. 엄마가 주는 사랑을 아이의 입장에서 느낄 수 있는지를 살펴야 한다. 엄마의 사랑을 아이가 느껴야 진정한 사랑이다. 그 사랑으로 아이는 건강하게 자란다.

할퀴고 무는 행동,
불안함이
원인이라고요?

경기도 보육사업 중에 영아반을 맡고 있는 원장이나 교사가 들을 수 있는 영아전담반 교육이 있다. 나는 그중에서 '영아의 성장과 발달'에 관한 과목을 담당하고 있는데, 총 세 차례에 걸쳐 강의를 한다. 마지막 강의의 쉬는 시간에 한 교사가 상담을 요청했다.

현재 1세 반을 맡고 있단다. 그런데 쉬는 시간이면 유난히 또래를 손톱으로 할퀴거나 입으로 무는 쌍둥이 아이가 있다고 한다. 이 아이들의 등·하원은 아이의 엄마가 아닌, 엄마의 며느리가 한다. 아이들 입장에서는 형수인 셈이다. 엄마가 낳은 늦둥이들로, 며느리에게도 비슷한 또래의 아이가 있다. 일반적으로 흔치 않은 가족 관계이다.

아이들 입장에서는 엄마가 아닌 다른 사람의 보살핌을 주로 받고 있는 것이다. 아이들의 심리를 생각해보자. 불안하지 않겠는가? 불안할 수밖에 없다. 그 불안이 할퀴거나 무는 행동으로 나타나고 있다. 이 쌍둥이의 행동을 보고 며느리의 아이도 모방을 한 탓인지 비슷한 행동을 보인다고 교사는 말한다. 그럴 수도 있지만, 이 아이 입장에서는 자신의 엄마가 다른 아이들을 돌보니 불안한 것이다. 역시 불안으로 인한 행동이다.

아이들이 가장 사랑받고 싶은 대상은 자신의 엄마이다. 각각의 엄마들이 자신의 아이들과 질적인 상호작용을 해야만 할퀴고 무는 행동을 줄이거나 없앨 수 있다. 다른 사람이 아무리 잘해줘도 아이는 엄마의 사랑을 원한다. 그 사랑의 그릇이 채워질 때 아이는 안정감을 갖고 교사나 양육자가 염려하는 행동을 하지 않게 된다.

어린이집 교사는 부모에게 아이들 마음을 전해주고, 아이들이 충분히 사랑받고 있다는 확신을 갖게 해주어야 한다고 강조해야 한다.

늘 손가락을
빨고 있는 아이,
어떡하죠?

어린이집 교사 승급 교육 때이다. 쉬는 시간에 어떤 교사가 걱정이 가득한 얼굴로 질문한다. "만 2세 반을 맡고 있어요. 한 아이가 말을 하지 못하고, 하는 말도 이해를 못해요." 교사는 어떤 방법이로든 아이를 돕고 싶다고 어떻게 하면 좋을지 묻는다. 어린이집에서 보이는 다른 특징적인 행동은 없는지 물었다. 늘 손가락을 빤다고 했다. 그 말을 듣자 아이가 말을 못하고 이해력이 떨어지는 원인을 바로 찾을 수 있었다.

손가락을 빤다는 것은 대표적인 불안 증세이고, 불안정 애착 증상이다. 이럴 경우에는 어린이집 교사가 아이의 행동을 수정하기는 어렵다. 가정의 양육 상황을 살펴봐야 한다. 교사에게 가정 상황을 아는 대로 얘기해달라고 했다. 그러자 부모는 직장을 다니고 주 양육은 할머니가 맡고 있다고 한다. 집에서는 주로 TV를 본단다.

아이의 마음을 들여다보자. 엄마와 아빠는 직장에 다니느라 바빠서 할머니하고 주로 지낸다. 그렇지만 할머니가 아무리 잘해준다 해도, 아이가 가장 관심받고 사랑받고 싶은 사람은 부모이다. 그런데 그 부모가 바쁘니 제대로 자신을 돌봐주지 못한다. 그러니 마음이 불안할 수밖에 없다. 불안하다는 사인으로 손가락을 빨고 있는 것이다. 아이는 엄마 아빠에게 신호를 보내고 있다. 자신을 사랑해달라고.

아이는 집에서 할머니와 얘기를 나누기보다 TV를 주로 본다. 그러니 당연히 말이 늦을 수밖에 없고, 말이 늦다보니 이해력이 떨어질 수밖에 없다. 인간은 태어날 때 언어를 듣고 이해할 수 있는 능력을 가지고 태어났다. 이를 전문적으로 '브로카' '베르니케' 영역이라 한다. 이 영역을 발견한 전문가들의 이름을 붙인 것이다. 이 능력은 사용해야 더 발달될 수 있으나 사용하지 않으면 다른 영역이 침범한다. 언어 영역에서 소리를 받아들이는 영역은 태어나기 약 2달 전부터 한 살 반 정도까지 가장 민감하다. 그 시기에 사람의 목소리를 가장 잘 받아들인다.

교사는 부모를 만나 아이의 발달에 대해 상담을 해주고, 부모가 더 관심을 갖도록 해야 한다. 또한 어린이집에서도 따뜻하게 아이를 대하고, 또래 관계 형성 등을 통해 언어적 자극을 줄 수 있도록 해야 한다.

공격적인 아이,
사실은
스트레스 때문이에요

K시 어린이집을 총괄하는 기관에서 부모 교육을 요청했다. 아이의 신경 쓰이는 행동에 관한 질문지를 담당자에게 미리 보내주었다. 교육 당일 부모들이 도착하는 대로 질문지를 작성하게 한 후 나에게 전해달라고 했다. 이후 부모들을 만나 영유아기의 의미와 중요성, 부모의 역할 등에 대해 이야기한 다음 건네받은 질문지를 보면서, 부모들이 양육을 하며 겪는 어려움에 대해서 해법을 제시하는 시간을 가졌다.

강의 중에 엄마 자신의 어린 시절 양육을 체험한 후, 어린 시절의 '내면 아이' 찾기를 했다. 한 엄마가 눈물을 흘린다. 어린 시절 부모가 사이가 좋지 않아 엄마가 집을 나가는 장면이 떠오른다고 한다. 그 엄마는 강연 후에도 눈물을 보이며 한 시간만 상담을 해줄 수 있느냐고 한다.

아이가 현재 만 5세 아이인데 공격적이라 관계가 힘들다고 한다. 아이의 상황을 물었다. 집에서 국어, 산수, 영어 세 가지 학습지를 하고 음악, 미술 등 특기 관련 학원 네 곳을 다닌다고 한다. 아이의 공격성은 이 점 때문이다. 아이가 원해서 하는 것이 아닌, 부모의 욕망이 아이에게 투영된 결과물로 학습지와 학원에 아이가 시달리고 있는 것이다. 그러니 아이는 당연히 공격적일 수밖에 없다.

부모가 변해야 한다. 엄마가 먼저 내 속에 있는 상처받은 아이를 위로해주어 편안해져야 한다. 그리고 아이가 정말 하고 싶은 것 한두 가지만 하도록 해야 한다. 부모의 욕심은 사랑이 아니다. 아이가 부모의 사랑을 느껴야 사랑이다. 그 사랑을 느끼고 받았을 때 아이는 건강하게 자랄 수 있다.

아이가
손톱을 물어뜯어서
깎아준 적이 없어요

"아이가 손톱을 물어뜯어요. 지금 열두 살인데 한 번도 손톱을 깎아준 적이 없어요."

아이는 미숙아로 태어났다. 다른 아이들보다 더 잘 먹여야 한다는 생각 때문에 엄마는 아이 먹는 것에 신경을 썼다. 아이가 잘 먹지 않으려고 하면 조금 심하다 싶을 정도로 혼을 내면서까지 먹게 했다. 아이의 엄마가 직접 들려준 이야기다.

2015년 말에 졸저 『아이가 보내는 신호들』을 낸 이후 저서를 통해 부모들을 만나고 있다. 각 지역 영유아 보육 업무를 총괄하는 육아종합지원센터, 도서관 교육 특강, 백화점 문화센터, 청소년복지상담센터, 어린이집 등에서 강의를 한다. 어린이집 원장과 보육교사, 예비교사 대상으로 연구회도 개최했다.

부모 교육에는 대부분 젊은 엄마들이 오고, 종종 아빠나 할머니, 할아버지도 온다. 강연 전에 행사 담당자에게 부모들에게 배부할 질문지를 미리 보낸다. 행사장에 미리 왔거나 강연 중에 써서 제출하면 답변해주었다. 경우에 따라서는 즉석에서 질문을 받았다. 미리 배부한 질문지에는 아이의 행동 중 신경 쓰이는 행동과 그 증상, 양육 환경, 양육함에 있어서 힘든 점 등을 적게 했다. '문제행동'이라 하지 않고 '신경 쓰이는 행동'이라 하는 것은, 부모의 입장에서나 문제행동이지 아이는 자신의 마음을 표현하는 것이기 때문이다.

지금까지 받아본 질문지에서 가장 신경 쓰인다고 답한 행동은 영아의 경우는 소리 지르기, 유아와 아동의 경우는 손톱 물어뜯기가 많았다. 영아의 소리 지르기는 발달상 내면적 욕구는 있으나 언어로 다 표현할 수 없기에 보이는 당연한 행동이라 전혀 걱정할 사항이 아니다. 단 그 행동이 지나칠 때는 아이의 마음이 많이 불편하다는 증거이므로, 아이가 편안해할 수 있도록 아이가 뭘 원하고 있는지 살펴서 채워줄 일이다.

유아나 아동이 손톱을 깨무는 것은 발달상 염려가 되는 행동이다. 아이가 손톱을 물어뜯는 것은 마음의 안정을 얻고 즐거움을 얻으며 불안을 해소하기 위한 대리 만족적 퇴행 행동일 수 있기 때문이다. 그러나 앞의 사례처럼 열두 살인데도 손톱을 깨문다는 것은 심리적으로 많이 불안하다는 것을 보여준다. 이럴 때엔 아이가 손톱을 물어뜯더라도 모른 체 해주고 물어뜯지 않았을 때 칭찬을 해주자. 자꾸 지적하면 긴장감이 높아져 더 불안해지고 죄책감을 느낄 수 있다. 손으로 점토놀이를 하게 하거나, 이야기를 들을 때 손에 만질 수 있는 물건을 들려주는 등 부모의 적절한 양육이 필요하다.

아이는 부모의 사랑을 먹고 자란다. 그 사랑은 대단한 것이 아니다. 아이 입장에서 '우리 엄마 아빠가 나를 정말 사랑하는구나.'라는 믿음을 주는 심리적 사랑이다. 아이가 부모의 사랑을 느낄 때는 부모가 자기가 바라는 것을 해주었을 때이다. 부모가 아이의 요구와 바람을 잘 살펴야 하는 이유다.

자다가 경기하는
우리 아이,
무엇이 문제일까요

    만 2세 영아 담임이 교육 후 상담을 요청한다. 아이가 자다가 경기를 하고 손톱을 자주 깨문다는 것이다. 가정의 특이사항을 물어보니 엄마가 중국에서 온 결혼이주여성이란다. 담임교사는 아이들과 생활한 지 그리 오래되진 않았지만, 나름대로 아이들과 친밀감도 유지하며 잘 지내려고 노력을 많이 하고 있었다. 아이가 잘 때도 토닥토닥 등을 두드려 준단다. 교사는 자신의 잘못이 있지나 않을까 하여 걱정스럽게 묻는다.

    잘하려는 마음으로 상담까지 요청한 것으로 보아 교사는 나름대로 노력하고 있으리라 믿는다. 아이의 행동은 심리적으로 불안하다는 것을 보여주고 있다. 경기를 하는 것은 놀란 경험이 있어서일 것이다. 이럴 경우 부모 상담을 요청해서 가정에서는 어떤지, 최근에 아이가 불안할 만한 가정사가 없었는지 조심스럽게 확인할 필요가 있다.

어린이집에서 아이가 자다가 경기를 하고 손톱을 물어뜯는 것은 어린이집보다 가정에서 원인을 찾아야 한다. 보통 아이가 심리적으로 가장 가깝게 느끼고 있는 부모와의 관계에서 그 원인이 있다. 혹시 아이 앞에서 부부싸움은 없었는지, 엄마가 직장에 나가기 시작했는지 등을 알아봐야 한다.

부모에게 원에서의 아이의 행동을 사실 그대로 전하고, 함께 원인을 찾아 해결하는 파트너로서 노력해야 한다. 상담학에서는 '문제 아이는 없다. 문제 부모가 있을 뿐'이라고 한다. 즉 아이의 행동은 부모의 영향을 절대적으로 받는다는 것을 의미한다. 아이의 신경 쓰이는 행동은 부모가 변해야 아이도 변한다. 이 사실을 부모가 받아들이고, 바람직한 변화를 위해 의지를 갖고 행동으로 보여줘야 한다.

만 2세 아이,
자기주장이 강해서
당혹스러워요

　보육실습 지도 관계로 예비교사에게 전화를 했다. 그러자 예비교사는 만 2세 반 아이들과 함께 지내고 있는데, 자기주장이 강한 아이들을 만나면 어떻게 해야 될지 모르겠다고 털어놓는다. 지도교사를 통해 배우고는 있지만, 아이들이 자기주장을 세게 하면 많이 당혹스럽다고 한다.

　발달상 이 시기는 자율성을 획득하는 것이 발달과업이다. 즉 스스로 밥을 먹거나 신발을 신는 등의 행동을 반드시 자기 것으로 만들도록 도와주어야 한다. 하지만 이것을 배웠어도, 막상 직접 아이들을 만나게 되면 쉽게 적용이 되지 않아 당혹스러울 것이다.

발달심리학자 에릭 에릭슨은 인간 발달단계를 8단계로 나누었다. 만 1세에서 만 3세까지는 자율성을 획득해야 하는 시기로 보았다. 만 1세 아이도 소근육이 발달되어 스스로 숟가락을 잡을 수 있다. 어느 보육교사가 실제 있었던 일을 들려주었다. 만 1세 반 아이에게 밥을 떠먹여 주었더니, 숟가락에 있던 밥을 식판에 엎어버리더란다. 이것은 스스로 떠서 먹겠다는 표현이다.

만 1세에서 만 3세 아이가 스스로 하고자 하는 것은 고집이 세서 그런 것이 아니다. 스스로 하고자 하는 자율성을 획득하는 발달과업을 이루기 위해서다. 밥을 흘리더라도 혼자서 먹게 하고, 신발을 거꾸로 신더라도 혼자서 신게 하고, 단추를 엇갈리게 채우더라도 스스로 채우게 해야 한다.

그랬을 때 아이는 '아, 내가 해냈구나!'라는 내적 만족감을 갖게 된다. 그러한 경험들은 아이에게 자신이 가치가 있다는 존재감을 갖도록 만들어 준다. 또한 아이는 할 수 있다는 자신감 또한 갖게 된다. 그리고 이런 행동을 통해 선생이나 부모의 칭찬을 받게 되면 소속감이 생겨난다. 즉 반 구성원의 한 사람, 가족 구성원의 한 사람이라는 것을 느끼게 되는 것이다. 그러한 것들이 모아지면 아이가 자신을 긍정적으로 생각하게 만들어주는 자아존중감을 형성하게 된다. 자아존중감은 힘든 일이 있더라도 다시 일어설 수 있는 '회복탄력성'의 토대가 된다.

회복탄력성은 최근 아동 발달 심리학자들이 가장 주목하고 있는 개

념이다. 아이가 자기주장을 펼치는 것은 발달과정상 지극히 당연한 일
이다. 이러한 아이의 발달 특성에 대해 잘 알고 상호작용을 하는 것이
좋다.

소유욕이 너무 많은
만 1세 아이,
무엇 때문일까요?

　서울시 어린이집 원장 및 보육교사를 대상으로 부모 교육 과목 강의를 한 적이 있다. 쉬는 시간에 만 1세 담임교사가 상담 요청을 해왔다. 소유욕이 너무 많은 만 1세 여아가 있다는 것이다. 아이의 양육 환경에 대해 물었더니 할머니가 주로 등·하원을 해주고 있다고 한다. 할머니는 아이에게 사랑을 충분히 주고 있는 것 같단다. 반 아이들의 간식을 챙겨줄 정도라고 한다. 엄마도 아이에게 사랑을 많이 주는 타입이라 한다. 단 아빠가 약간 엄격하며, 최근에 동생이 태어났다고 한다.

　아이의 양육 환경 중 세 가지 상황을 담임교사가 신경 쓰는 행동, 즉 소유욕과 연관지어 볼 수 있다. 첫째, 아이의 등·하원을 엄마가 아닌 할머니가 주로 하고 있다는 점이다. 할머니가 아무리 사랑을 준다 해도 부모에게 받는 사랑에 견줄 수 없다. 그렇기에 아이는 부모에게 사랑을 충분히 받지 못하고 있다고 생각할 수 있다. 둘째, 아빠의 엄격함이다. 엄격한 양육환경은 아이에게 긴장과 불안을 조성한다. 셋째, 동생의 출생이다. 아이는 지금까지 받은 사랑을 동생에게 빼앗기고 있다고 생각할 수 있다. 이는 퇴행을 불러온다. 다시 아이처럼 떼를 쓰거나, 소변을 가릴 줄 알았는데 다시 이불에 오줌을 싼다든가 하는 것이다. 교사는 엄마가 아이를 사랑하고 있다고 느낀다고 했지만 중요한 것은 아이가 엄마의 사랑을 느끼는가이다. 엄마가 자신을 충분히 사랑한다고 느낀다면 괜찮지만, 그렇지 않을 경우 아이는 그 불편함을 드러낼 수 있다.

아이를 둘러싼 이와 같은 환경이 아이를 불안하게 하고 긴장하게 하며, 자신이 사랑받고 있지 않다는 생각을 갖게 한다. 그렇게 되면 아이는 심리적 불편함을 표현하게 된다. 그 방법 중 하나가 물건을 갖고자 하는 소유욕으로 표출될 수도 있다.

아이는 부모를 포함한 주변 사람들의 전폭적인 지지와 사랑을 받아야 한다. 특히 아이에게 있어서 부모의 사랑은 절대적이다. 그 사랑이 부족하면 아이는 그 마음을 여러 행동으로 나타낸다. 아이는 사랑을 받아야 건강하게 자란다. 교사도 이런 아이에게 상처를 주어서는 안 된다. 상황을 얘기해주어 다른 친구와 나눌 수 있도록 해주고, 보호자 상담을 통해 아이가 느끼는 사랑을 줄 수 있도록 해야 한다. 동생이 태어난 것에 대해서도 설명이 필요하다. 즉 여전히 너를 사랑하지만, 동생은 더 어리기 때문에 조금 더 신경을 써야 한다는 것을 이해하게끔 해야 한다. 모든 아이는 사랑과 보살핌을 받아야 건강하게 자란다.

눈뜨자마자
TV만 보려는 아이는
어떻게 해야 할까요

"아이가 지금 다섯 살이에요. 아침에 눈을 뜨자마자 TV를 켜고 만화 영화를 봐요. 못 보게 해도 말을 듣지 않아요. 그것 때문에 매일 실랑이를 해요. 어떻게 해야 하나요?"

아이 아빠가 상담을 요청한 사례이다. 아이가 TV를 즐겨보는 것은 재미있기 때문이다. 아이들은 재미가 있으면 그 일에 집중한다. 아이가 어떤 일에 집중한다는 것은 바람직한 일이나 아빠가 걱정하는 것처럼, 매일 TV만 본다면 아이 발달에 바람직하지 않다. 왜냐하면 지금 아이는 엄마나 아빠, 친구 등 주변 사람들과의 관계를 통해 느끼는 희·노·애·락·애·오·욕의 정서가 구체적으로 발달하는 중요한 시기에 있기 때문이다.

최근 심리학자들이 가장 많이 연구하는 분야는 정서이다. 그만큼 중요하기 때문이다. 우리 화폐에도 인쇄되어 업적을 기리고 있는 대 사상가 퇴계 이황과 율곡 이이도 '사단 칠정四端 七情'을 두고 논쟁을 했다. 그만큼 정서는 중요한 것이다. 72년간 인간의 행복의 조건에 대해 연구한 하버드대학 심리학연구소 연구팀 또한 정서조절능력이 행복을 규정하는 중요한 조건 중의 하나라고 밝혔다.

영유아기는 구체적인 사물과의 접촉을 통해 세상을 이해하고 머릿속에 개념을 만들어가야 하는 시기이다. 아이들의 사고형성에 관심을 갖고 연구하여 인지발달이론을 정립한 스위스의 생물학자 피아제는 영유아기를 감각운동기라 했다. 즉, 아이들은 시각·청각·후각·미각·촉각과 운동 기능을 통해 세상과 사물을 자신의 것으로 만들어간다는 것이다. 예를 들어 '사과'라고 하면, 성인들은 사과가 눈앞에 없더라도 사과의 맛과 향기, 색, 느낌 등을 머릿속에 그릴 수 있다. 그러나 사과에 대해 잘 모르는 영유아는 "오늘 선생님은 아침에 사과를 먹고 왔어요."라고 하더라도 그 말을 잘 이해하기가 힘들다. 아이들이 나중에 공부를 할 때 이해력이 바탕이 되어야 하는데, 이해력은 머릿속에 개념이 있어야 가능하다. 즉 영유아기는 그 개념을 만들어줘야 하는 시기인 것이다. 그러므로 구체적인 사물을 통해 감각적으로 접근해야 한다.

아이가 TV를 덜 보게 하려면 어디에 관심과 흥미가 있는지 파악해서

적절한 환경을 제공하자. 예를 들어 아이가 개미를 좋아한다면 개미에 관한 책을 준비해서 보게 하자. 또는 아이를 데리고 밖으로 데리고 나가 개미를 찾고 관찰하게 한 후 관찰 그림을 그려보게 하자. 부모나 교사는 아이가 TV를 보려는 것이 바람직하지 않다고 무조건 못 보게 해서는 안 된다. 그렇게 되면 아이는 스트레스를 받게 되고 분노의 감정이 쌓이게 된다. 이는 이후 발달에 부정적인 영향을 준다. 아이의 관심과 흥미를 파악하고 적절한 환경을 제공하여, 아이가 사람들과의 관계 속에서 감정을 배우고 구체적인 사물과의 만남을 통해 세상을 이해하도록 해야 한다.

자꾸만 화장실을 가지만
정작 볼일은
보지 않는 아이

보육교사 1급 승급교육을 받고 있는 교사가 상담을 요청했다. 만 2세 반을 맡고 있다는데, 남자아이 중 한 명이 '쉬~' 하고 싶다고 하며 화장실을 자주 간다. 화장실에 가서는 막상 볼일을 보지 않고 한참 만에 교실로 돌아온다. 교실에서 반 친구들을 꼬집기도 한다. 아이의 엄마 아빠는 얼마 전에 빵집을 열었다고 한다. 아빠가 낮에 일하다가 아이를 데리러 온다. 대신 엄마는 밤에 나가 일을 한다.

아이가 앞에서 말한 행동을 하는 이유는 명확하다. 엄마의 사랑을 받고 싶다는 신호이다. 관심 끄는 행동을 하고 있는 것이다. 하루 종일 어린이집에 있다가 집에 와도 엄마는 없다. 아이의 마음을 헤아려보라. 얼마나 허전하겠는가. 나는 초등학교에 다닐 때에도 엄마가 집에 안 계시면 쓸쓸했다. 어쩌다 엄마가 외갓집이라도 가서 오시지 않으면 가슴이 텅 빈 느낌이었다.

엄마가 아빠와 상의해서 일하는 시간대를 바꾸는 것이 바람직하다. 아빠가 챙겨주는 것도 좋지만, 이 상황에서는 귀가 후에 엄마가 함께하는 것이 아이 발달에 더 좋다. 아이에게 있어 엄마라는 존재가 우주와 같이 절대적인 시기이다. 그런데 집에 돌아와도 엄마가 없다면, 아이의 가슴은 얼마나 스산할 것인가.

대부분의 아이들은 태어나서 처음으로 '엄마'라는 말을 한다. 독일의 철학자 하이데거는 '언어는 존재의 집'이라 했다. 아이들은 최초로 엄마라는 존재의 집을 짓는다. 엄마라는 타자가 가장 의미 있는 존재이다. 그러므로 아이들은 엄마로부터 인정받고 사랑받아야 하는 존재다.

우리 아이는
부끄러움이
많은 것뿐이에요

영유아를 둔 부모를 대상으로 부모 교육을 하던 날이다. 아이의 나이, 성별, 아이 행동 중 신경 쓰이는 행동을 말해달라고 했다. 그러자 한 엄마가 자기 아이가 부끄러움이 많다고 한다. 가족 중에서도 엄마인 자신과 언니에게만 말을 건넨단다.

나중에 원장님이 귀띔을 하신다. 엄마가 아이의 심각성을 잘 모르고 있는 것 같다고 말이다. 아이가 원에서 거의 말을 하지 않고, 다른 사람과 눈도 잘 마주치지 않는단다. 혹시 자폐 증상이지 않을까 하는 염려도 하고 있다고 한다.

5개국 장애 통합교육 연구를 한 적이 있다. 세계에서 장애 통합교육을 가장 잘 하고 있는 덴마크와 아시아에서 가장 잘 하는 싱가포르, 그리고 그 두 나라와 비교를 하기 위해 일본과 인도, 한국을 선정했다. 그때 각 나라 학자들과 함께 우리나라 장애 통합 어린이집 몇 곳을 둘러보았는데, 원장이나 특수교사들은 부모들이 아이의 발달 지체를 인정하지 않는 것이 가장 큰 문제라고 했다.

어느 부모인들 내 아이의 발달 지체를 인정하고 싶겠는가. 하지만 그러다 시기를 놓치면 더 안 좋아질 수도 있다. 부모는 지금 당장이 아니라 앞을 내다보고 이성적인 판단을 해야 한다. 물론 경우에 따라서는 다른 아이들에 비해 조금 늦은 발달을 보일 수도 있다. 그러나 혹여 발달상 어떤 문제를 포함하고 있는 것이라면 전문가의 진단을 받고 경우에 따라서는 치료도 해야 한다. 그 시기는 빠를수록 좋다. 부모의 합리적 판단과 선택이 아이의 미래를 결정하기도 한다.

말을
더듬거리는 아이,
왜 그럴까요?

30개월 된 남자아이다. 세 달 전부터 말을 더듬거린다고, 부모 교육을 받으러 온 엄마가 걱정이 되어 아이 문제를 상담했다. 아이는 왜 말을 더듬게 되었을까?

아이의 문제는 대부분 부모의 문제다. 특히 주 양육자가 엄마일 경우 엄마의 태도가 절대적이다. 엄마의 행동을 살핀다. 제일 앞쪽에 자리 잡았다. 강의 내용을 놓치지 않고 잘 듣겠다는 적극적인 자세다. 손에는 육아에 관련된 두툼한 전문 잡지가 들려 있다. 정보를 챙겨서 보겠다는 의지를 읽을 수 있다. 강의 중에도 열심히 듣는다. 강의가 끝나자 제일 마지막까지 남아서 질문을 한다.

아이도 이 같은 자세로 대하고 있을 터이다. 하나하나 간섭하고, 뭐든지 잘해주기를 바라고, 이것저것 교육하고 있으리라 본다. 아이는 숨 막히는 스트레스를 받고 있을 것이다. 엄마의 강압적이고 틈을 주지 않으려는 태도에 짓눌려 아이가 말을 더듬고 있다고 보인다.

불안 장애 중에 선택적 무언증이 있다. 선택적 함묵증이라고도 하는데, 즉 말을 하지 않거나 입을 다무는 증상이다. 언어 유창성 장애라고 하는, 말을 더듬는 행동도 이 범주에 속한다. 말을 잘할 수 있음에도 특정한 상황이나 사람 앞에서 말을 하지 않거나 더듬는다. 이러한 증상이 입학 등 특별한 사건 없이 1개월 이상 지속될 때는 선택적 무언증으로 진단한다. 보통 5세 이전 여자아이에게서 발병하나 흔하지는 않다.

상담 사례는 남자아이다. 엄마는 양육태도를 반드시 빠른 시일 내에 수용적이고 민주적인 방법으로 전환해야 할 것이다. 아직 말을 하지 않는 선택적 무언증까지는 가지 않은 상태이므로 희망을 갖고 엄마가 변해야 한다. 심각해지면 만성적 우울, 심한 불안 등 사회적 문제를 초래할 수 있다. 문제 부모는 있어도 문제 아이는 없다는 말을 새겨야 한다.

말을 잘 하지 않는
아이는 어떻게
대해야 할까요

"36개월 남자아이인데, 어린이집에서 말을 잘 하지 않아요."

어린이집 원장 사전 직무 교육을 했다. 한 원장이 부모에게 어떻게 말을 해주어야 할지 잘 모르겠다고, 쉬는 시간에 상담을 요청했다. 아빠는 3교대로 아이와 만나고 있다. 엄마는 보육교사란다. 위로는 세 살 터울의 형이 있다. 엄마 아빠가 주로 등·하원을 한다. 엄마 아빠는 아이에게 최선을 다하고 있는 듯하다. 형도 같은 어린이집을 다녔다. 아이는 0세부터 어린이집에 왔다. 그런데 아이는 반에서 친구들과 어울리지 못하고 늘 혼자라고 한다.

말을 잘하지 못하는 아이를 위해 할 수 있는 역할 중 하나는 또래 관계를 만들어주는 것이다. 아이들은 같은 연령의 아이에게 관심이 많다. 교사가 주도적으로 아이에게 영향을 주려고 하기보다는 또래 관계를 만들어줄 필요가 있다.

가장 가까운 관계를 '식구食口'라 한다. 즉 같이 음식을 나누는 관계가 가장 가깝다는 뜻이다. 같이 음식을 나누게 되면 심리적으로 쉽게 마음의 문을 열게 된다. 교사가 식사 시간이나 간식 시간에, 반에서 말을 잘하고 누구에게나 친절한 아이를 아직 말을 잘 못하는 아이 옆에 앉게 하는 것이 좋다. 교사는 식사를 할 때 가까워진 관계가 다른 활동으로 확산되도록 의도적으로 개입한다. 가능하면 밥 먹는 자리는 고정좌석으로 만들지 않는 것이 바람직하다. 일본에서는 아이들이 식사 시간에 누구랑 앉으려고 하는지를 바탕으로 친구관계를 분석한 박사논문이 출간된 경우도 있을 정도로, 아이들의 식사 시간에 이루어지는 친구관계를 중요하게 생각한다.

이 아이의 경우, 말을 잘 못하는 다른 이유도 찾아봐야 한다. 청력을 검사해볼 필요가 있다. 듣지 못하면 말을 못하기 때문이다. 또 가정에서 상호작용을 잘 해주고 있는지 면담을 통해 알아봐야 한다. 특히 청력 검사는 시간을 늦추지 말고 바로 해야 한다. 시간이 지나면 혹시 청력에 문제가 발견되어 수술을 하더라도 큰 효과를 보지 못할 수도 있기 때문이다. 또래 관계 형성과 청력 검사, 가정에서의 상호작용 점검이 언어 발달이 늦은 이 아이를 위해 부모와 교사가 해야 할 일이다.

아이가
다른 친구들과
어울리지 않아요

어린이집 원장과 보육교사를 대상으로 영아 발달에 관한 강의를 했다. 쉬는 시간에 만 1세를 맡고 있는 담임교사가 반 아이를 걱정하며 상담을 요청했다. "아이가 다른 친구와 어울리지 않아요. 늘 혼자 지내요."

아이의 아빠는 50대 중반이고, 엄마는 20대 초반으로 베트남에서 온 결혼이주민이다. 아이는 어린이집에 오면 홀로 놀면서, 종종 혼자 웃기도 한단다. 교사는 혹시 자폐증이 아닐지 염려를 한다.

내가 직접 아이를 보지 않아서 단언하기는 어렵지만, 아이의 행동은 상호작용이 부족해서 일어나는 것으로 생각된다. 가장 많은 시간을 아이와 보낼 엄마가 우리말이 서툴다 보니 아이와 상호작용을 많이 해주지 못할 것이다. 아빠는 아빠대로 일 때문에 아이와 충분한 시간을 보내지 못할 것이다. 같이 지낼 형제자매도 없으니 집에서 늘 혼자 지낼 것이다. 어린이집에서는 엄마와 같은 국적을 둔 다문화 가족 아이와도 상호작용을 안 한단다. 이런 상황이니 아이에게 사회적·언어적 상호작용은 거의 없는 거나 마찬가지다. 이럴 때는 교실에서 담임교사의 역할이 중요하다. 의도적으로 아이에게 또래 관계를 만들어줘야 한다.

담임교사가 식사 시간에 의도적으로 누구에게나 친절한 아이를 이 아이 옆에 앉혀줄 필요가 있다. 쉽게 친구가 된 식사 파트너가 다른 활동에서도 함께 지내도록 배려해줘야 한다. 아이들은 어른보다 또래 관계에 관심이 많음을 인식해야 한다.

또한 담임교사는 아빠와 엄마를 상담하여, 집에서 더 자주 상호작용을 하도록 권할 필요가 있다. 다른 사람이 아무리 잘해준다 해도 아이가 가장 가깝게 느끼는 사람은 부모이기 때문이다. 친지나 가까이 사는 이웃 아이들과도 가능하면 함께 지낼 수 있는 기회를 마련해주는 것도 좋다.

아이의 요구에는
정서적으로
반응해줘야 해요

어느 해, 설 연휴 마지막 날, 학회에 제출해야 할 논문을 작성하기 위해 집 근처 북 카페를 찾았다. 연인들도 많았지만, 어린아이를 데리고 온 부모들도 눈에 띄었다. 나는 혼자 간 탓에 넓은 자리에 앉기가 미안해서 사람들이 잘 앉지 않는, 카운터에 가까운 출입구 쪽에 앉았다. 그러다 보니 내 일에 집중하지 않고 있을 때에는 주문하는 소리와 들어가고 나가는 사람들이 주고받는 말소리가 들렸다.

세 살 정도 돼 보이는 여자아이가 출입문에서 아빠에게 "나가보자. 응. 저기 뭐가 있는지 가보자."라고 세 번 정도 말한다. 출입문 밖으로 나가보자는 것이다. 아빠는 아이가 나가자고 세 번 정도 말한 뒤에야

"그래 나가보자."라고 말한다. 다행히 아이를 꾸짖거나 화를 내지는 않았다. 그렇지만 아이가 세 번이나 애원하듯이 요구하기 전에, 처음 요구했을 때 들어줬더라면 어땠을까. 또 그냥 '나가보자'라고 말하는 것보다 "○○이가 저기 밖에 무엇이 있는지 궁금하나 보구나. 그래, 나가보자." 라고 아이의 이름을 부르면서 마음을 읽어주는 반영적 반응을 해줬더라면 더 좋았을 것이다.

　아빠가 요구를 바로 들어주거나, 자신의 마음을 알아챈 것처럼 반응해줬더라면 아이는 더 신났을 것이다. 또 아빠가 자신을 사랑하고 있다는 믿음을 쌓을 수 있는 좋은 기회가 되었을 터다. 아이의 요구는 즉각적으로 들어주자. 그냥 단답형 반응이 아닌, 아이의 요구와 정서를 읽고 그 요구와 정서를 그대로 말로 표현해주는 반영적 반응을 해줌으로써 아이가 행복을 느끼도록 해줘야 한다. 아이는 사랑을 먹고 자라기 때문이다.

아이가
전화해서 말합니다,
"엄마 빨리 와!"

　오후 7시가 다가온다. 직장인들이 퇴근하는 시간이다. "뭐, 떡볶이 먹고 있다고." 만 세 살 된 아이를 둔 엄마가 전화를 받으며 말한다. 아이가 떡볶이를 먹다가 엄마한테 전화를 한 모양이다. 아이는 할머니랑 같이 지내고 있는지, 엄마는 할머니를 바꿔달라고 한다. 곧 밖에 나갔다고 대답한 듯하다. 엄마는 "할머니 안 계셔? 밖에 나갔다고?"라고 묻는다. 아이는 떡볶이를 먹다가 엄마 목소리가 듣고 싶고, 엄마가 빨리 집에 왔으면 하는 마음으로 전화를 한 것 같다. 금요일이라 할머니 집에 있는 아이를 엄마가 데리러 가는 모양이었다. 아이는 엄마가 데리러 오는 날이라는 것을 알고 있으니, 엄마가 빨리 왔으면 하는 마음으로 전화를 했을 터이다. 해가 지고 날이 어두워져 오면 인간은 누군가가 기다려진다.

아이들에게 있어서 그 '기다리는 누군가'는 본능적으로 엄마일 것이다. 그런 엄마가 오지 않으니, 아이는 전화를 한 것이다.

영아(0~3세)를 둔 엄마는 오전 근무만 하고 아이와 함께 지내도록 하는 제도가 정착되었으면 한다. 이때가 아이의 신체·운동·인지·언어·정서 등 모든 발달에서 가장 중요한 시기이기 때문이다. 아이의 발달에 가장 많은 영향을 미치는 존재는 부모, 그중에서도 특히 엄마다. 그러므로 이 시기만이라도 엄마와 아이가 더 많은 시간을 보낼 수 있도록 했으면 한다.

이러한 제도가 시행되기 위해서는 정치가·행정가·기업가·부모 등 모든 사람이 이 시기의 중요성을 인식해야 한다. 이 시기의 아이 양육은 경제활동보다 우선되어야 할 정도로 중요하다는 생각을 가져야 한다. 아이는 기다려주지 않는다. 이 시기의 자녀들을 둔 부모들이 정부나 관련 기관, 기업에 정당히 요구하기를 바란다.

제2장

우리 아이가 더 좋은
사람으로 자라려면

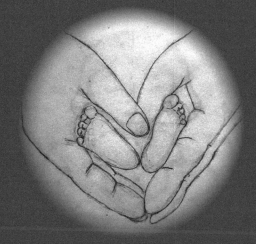

하루하루가 다르게
발달하는
아이에게

 어린이집으로 보육실습 지도를 나갔다가 현재 만 0세 반에 배치되어 있는 예비교사를 만났다. 10개월 된 영아의 행동이 하루하루 달라지는 게 놀랍다고 한다. 보름 전에 실습을 시작했을 때는 서지 못했던 아이가 가구나 책상을 잡고 일어선다. 자리에 앉아서는 막대를 통에 끼우는 일도 제법 잘한다.

 이와 같이 영아는 하루하루 다르게 발달한다. 그래서 영아기는 유아기(3~5세)처럼 연령 차이가 아닌 월령 차이를 고려하여 상호작용을 해야 한다. 서고 앉는 것은 대근육 발달과 관련되어 있다. 대근육이 발달되어야 뒤집는 것과 기는 것, 앉는 것, 잡고 일어서는 것, 걷는 것이 가능해진다. 아이가 뒤집기에서 걷기에 이르기까지 약 1년 동안이 소요된다. 대근육 발달은 개인차가 있다. 즉 아이마다 발달의 차이를 가장 크게 보인다는 의미이다.

도쿄 유학 시절 수행했던 과제 중 하나는, 12개월이 넘지 않은 영아를 한 명 정한 뒤 매달 아이를 만나 기록하는 것이었다. 이 과정을 무려 1년이나 했다. 나는 내가 다니던 학교의 부속 유치원 원아 동생을 소개받아 집으로 찾아갔다. 처음에는 가족 구성, 나이, 성별 등을 살펴보았고, 그 후에는 아이의 정서, 언어, 신체 등 각 영역별 발달을 하나하나 관찰했다.

영아를 둔 부모들 중에 가끔 개인차를 이해하지 못하는 이들이 있다. 다른 아이는 벌써 앉을 수 있는데 왜 우리 아이는 아직 앉지 못하는지, 다른 아이는 설 수 있는데 왜 우리 아이는 서지 못하는지 조바심을 드러낸다. 이 시기는 아이마다 발달 차이가 크다. 이를 알고 내 아이의 발달단계에 맞는 상호작용을 해줘야 한다. 발달단계에 맞는 적절한 반응적인 상호작용만이 내 아이의 발달에 맞는 도움을 줄 수 있다.

아이가 직접
종이를 오리고
밥을 먹게 하세요

경기도 소재 고등학생을 대상으로 강의를 한 적이 있다. 과목은 '유치원·어린이집 교사 되기'로, 영유아기의 의미와 그 중요성, 발달의 키워드, 외국 사례 등을 주로 살펴보았다. 마지막 시간에는 그동안 배운 것 중에서 관심 있는 주제를 발표하는 시간을 가졌다.

한 학생이 발표한 내용이다.
"유치원에 봉사활동을 갔는데 선생님이 종이에 펭귄을 그려오셨어요. 그것을 가위로 오려달라고 해서 오려줬더니, 선생님은 아이들에게 도화지에 제가 오린 펭귄을 그냥 붙이게만 했어요. 그러면서 하는 말이 '얘들아, 너희들이 다 한 거야.'라고 하시더군요."

이 일이 아이들이 스스로 하게 해야 한다고 배운 것과 가장 큰 차이가 있었다고 했다.

교사가 그렇게 한 것은 부모들에게 "아이들이 유치원에서 이렇게 했어요."라고 보여주기 위함이다. 아이들이 스스로 하게 해야지, 해줘서는 안 된다고 하면 대부분의 교사들은 부모들이 결과물을 원하기 때문이라고 말한다. 부모들은 아이 발달을 잘 몰라서 그렇게 말하는 것인데, 그렇다고 전문가인 교사가 그 말을 그대로 따라서는 안 된다. 부모들에게 결과물보다 그 과정을 중요하게 여겨달라고 해야 한다. 10개월에서 11개월이 된 아이들은 소근육이 발달되어 스스로 주사위를 잡을 수 있을 정도이다.

어느 어린이집 식사시간을 둘러본 적이 있다. 교사가 아이에게 밥을 떠먹여주고 있었다. 아이에게 중요한 것은 밥을 빨리 먹는 게 아니다. 아이는 스스로 종이를 오리거나 밥을 먹으면서 소근육이 발달하게 된다. 손 사용은 뇌 발달과도 연결이 된다. 또 눈과 손의 협응력 발달에 도움을 주기도 한다. 무엇보다 스스로 어떤 일을 해내야 그 후 "내가 해냈다!"라는 내적 만족감과 자신감을 갖게 되고, 이는 곧 긍정적인 자아존중감으로 이어진다. 이는 실패하거나 실수를 하더라도 다시 일어설 수 있는 회복탄력성의 근간이 된다. 그렇기 때문에 아이들이 스스로 하도록 해야 한다.

아이들은
자신의 다리로
스스로 걸어야 해요

아침 10시 반경. 출근 시간대가 지나 도로와 인도는 덜 복잡했다. 운전 중 신호를 기다리고 있었다. 젊은 엄마가 아이를 태운 전동차를 운전하는 것을 보았다. 종종 요구르트를 배달하는 분들이 이용하는 것을 본 적은 있지만, 아이를 태운 전동차는 처음 봤다. 앞에 앉아 있는 아이는 12개월은 넘은 듯했다. 엄마가 뒤쪽에서 운전을 하고, 아이도 자기 앞쪽에 있는 장난감 운전대를 잡고 있다.

물론 엄마가 아이를 안거나 업고 다니는 것이 힘들 수 있다. 또 아이가 스스로 걷기에 위험하고, 아이도 힘들어할 수 있다. 그러나 아이의 발달을 위해서는 엄마가 안거나 업는 것이 좋다. 충분히 걸을 수 있는 나이라면 아이도 제 발로 걸어야 한다.

동물행동학자 할로우는 새끼 원숭이를 대상으로 이런 실험을 했다. 먹을 것이 있고 철사로 만들어진 대리모와 먹을 것은 없으나 따스한 느낌을 주는 천으로 된 대리모를 만든 다음 새끼 원숭이가 어떻게 행동하는지를 살펴봤다. 그랬더니 새끼 원숭이는 먹을 때만 철사로 된 원숭이에게 가고, 나머지 시간은 천으로 된 대리모에만 붙어 있었다.

아이들도 마찬가지다. 아이는 엄마와의 접촉을 통해 애착을 형성한다. 미국에서는 우리나라의 포대기가 고유명사가 됐다. 포대기는 아이를 앞으로 안거나 뒤로 업으면서 신체적인 접촉을 한다. 이러한 양육이아이 발달에 바람직하다는 것이 밝혀져 포대기를 사용하는 모임이 있을정도다. 그런데 정작 우리는 반대로 가고 있다.

개인차는 있지만 12개월이 지나면 아이들은 스스로 걸을 수 있다. 스스로 걸으면서 아이는 신체운동 기능이 발달하고, 뇌에 연결되어 있는운동중추를 사용하게 되어 뇌 발달에도 도움을 준다. 또 스스로 걷고 나서 갖게 되는 만족감은 아이의 자아존중감에도 영향을 미친다. 물론 엄마가 조금은 힘들 수는 있다. 그러나 아이 발달을 위해서라면 아이를 안거나, 스스로 걷도록 해야 한다.

맨발로 나무에 오르는
세 살배기 아이로
길러봅시다

　어느 해 10월 3일. 개천절이자 주말이던 날이었다. 마무리해야 할 논문이 있는데, 집에 있으면 그냥 시간을 흘려버리므로 가방을 챙겨 24시간 개방 도서관에 갔다. 점심때가 되어 정자에 앉아 준비해간 식사를 했다. 점심을 먹은 뒤 쉬고 있는데 아이들 둘이 뛰어오더니 정자 옆에 있는 소나무에 다람쥐처럼 쏜살같이 오른다. 세 살배기로 보이는 아이는 맨발이었다. 일곱 살 정도 되어 보이는 남자아이는 그보다 훨씬 능수능란하다.

　부모는 다른 곳에 있는 듯 보이지 않는다. 아이들만 와서 놀고 있다. 줄곧 큰아이가 "이리와 봐." "여기 올라가보자." 등 말을 걸며 작은아이를 챙긴다. 부모는 아마 큰아이가 평상시 동생을 잘 살피기 때문에 맡겨 놓았는지 모른다. 부모는 아이들과 멀리 떨어져 있는 것 같지 않았고, 근처 어딘가에 있었던 듯하다.

맨발인 데다 나무에도 자연스럽게 기어오르는 것이, 쉬는 날에 책이 있는 공간으로 아이를 데리고 온 부모다운 양육법이라는 생각이 들었다. 많은 부모들은 유리나 돌 등으로 인해 발을 다칠까 봐 아이가 맨발로 다니게 하지 않을 것이며, 혹시 떨어져 다칠까 봐 나무에 기어오르게 그냥 두지 않을 것이다.

아이들에게 지나치게 간섭하지 말고 이 아이들 부모처럼 방목하자. 가축을 방목할 때를 생각해보자. 큰 울타리는 쳐 놓지만, 주인이 일일이 쫓아다니며 "이 풀을 먹어라." "저 풀을 먹어라." 하지는 않는다. 아이들도 이렇게 키우자. 이렇게 자란 아이들은 어떤 상황이 주어져도 스스로 알아서 잘 적응한다. 그렇지 못한 아이들은 누군가 해줄 때까지 기다리는 경향이 있다. 아이들은 스스로 적응하는 능력이 있다. 환경 속에 놓아주어 스스로 환경을 탐색하고 적응하게 하자.

금지하지 말아요,
주의를 주는 것만으로도
충분합니다

　명절에 친정어머니를 모시고 온 가족이 모여 대전 국립현충원에 있는 친정아버님 묘역에 갔다. 가보니 많은 사람들이 참배를 왔다. 어린아이들도 보인다. 어른들은 아이들 행동을 금지하기에 바쁘다. 세 살 여자아이가 달리자 아이의 엄마는 '위험해.'라며 안아준다.

　현충원에서 가까운 공주 한옥마을을 들렀다가 마을 뒤편에 있는 무령왕릉을 찾았다. 왕릉을 거닐며 가족, 친구, 연인들끼리 명절 연휴를 즐기고 있었다. 돌이 지난 것으로 보이는 아이가 앞장서서 가는 아빠의 뒤를 따라 아장 아장 걷고 있다. 혼자서도 잘 걷고 있는데, 잠시 후 뒤따르던 엄마가 위험하다며 아이의 손을 잡는다.

귀갓길에 고속도로가 막혔다. 길에서 시간을 버리느니 쉬었다 가자며 국도로 내려서서 공주 마곡사로 향했다. 춘마곡春麻谷, 추갑사秋甲寺라는 말이 있을 정도로 봄 경치가 아름답다는 마곡사. 새색시마냥 수줍게 막 물들기 시작한 단풍이 아름다웠다. 계곡 물소리로 속세의 시끄러운 소리를 씻어내고 사찰을 벗어나려는데, "위험하다고 만지면 안 된다고 했지."라는 화난 목소리가 들린다. 다섯 살 정도로 보이는 아이가 길가에 걸려 있는 종이 등불을 만졌다고 아빠에게 혼나고 있었다.

아이는 두 살이면 혼자서도 충분히 걸어갈 수 있고, 세 살이면 혼자서 충분히 달릴 수 있다. 발달심리학자들은 이 시기를 몸으로 달리고 뛰고 걸어야 하는 '걸음마기'로 명명했다. 그런 자신의 발달과업을 완수하기 위해 아이들은 걷고 뛰는데, 어른들은 그러한 것을 제지하고 기회를 주지 않는다. 다섯 살이면 호기심이 왕성할 시기다. 처음 보는 신기한 물건을 보면 충분히 만질 수 있다. 만지더라도 고장 내지 않도록 조심하라고 주의만 주면 되지 않을까 싶다. 아이들은 스스로 걷고, 뛰고, 만지며 발달하고 세상을 알아간다.

혼자서도 신나게
놀 수 있는 아이가
되어야 해요

한가위를 하루 앞두고 가족 산소를 찾았다. 가는 길에 작은 가게에 들렀다. 다섯 살 정도 되어 보이는 여자아이가 혼자서 자전거를 타고 있었다. 혼자서 '부릉 부릉~' 하면서, 잘 들리지 않지만 세발자전거에 말을 걸며 놀고 있다. 자전거는 아이의 신바람에 대꾸하듯 굴러간다.

아이는 시골에 사는 것일까, 아니면 명절을 맞아 가게를 하는 할머니 댁에 온 것일까? 가게 앞에 아이 전용 세발자전거가 있는 것을 보니 아마 여기서 살고 있는 모양이었다. 아이가 혼자서 자전거에 말을 걸며 노는 모습은 도회지에서 보기 어려운 모습이다. 도시에서는 아이가 혼자 나와 노는 경우도 없거니와, 자전거에게 말을 걸며 놀지도 않는다.

이 아이가 시골에 또래 친구가 없어서 혼자 있는 것 같긴 했지만, 그래도 혼자서도 자전거와 잘 노는 모습이 대견스러웠다. 아이는 자전거와 친구가 되어 충분히 행복해하고 신나했다. 도시 아이들이 방 안에서 컴퓨터나 스마트폰 게임을 하는 모습보다 건강해 보였다.

아이들은 구체적인 사람이나 사물과 지내야 한다. 그러한 경험은 생생하게 아이의 기억 속에 저장되고, 이후 성인이 되어 살아갈 때 큰 힘이 된다. 또 사물에 대한 개념을 알아가는 데도 도움이 된다. 신체적으로 오감을 이용해 사물을 이해하게 되므로 개념을 쉽게 알아갈 수 있게 되는 것이다. 또래 친구가 있으면 더 좋겠지만, 혼자라도 좋다. 아이들이 신나게 사물과 직접 접하는 기회를 많이 만들어주자.

아이는 여러 바깥 장소에서 몸으로 체험하며 자라야 합니다

　독서 모임에서 전직 초등학교 교사가 한 이야기다. 세월호 사고와 메르스 사태로 초등학교 6학년들의 체험학습 기회가 없어졌는데, 그래도 아이들에게 바깥 활동을 경험하게 해주고 싶어 동네 공원을 데려갔다고 한다. 그러다 주인과 함께 나들이를 나온 강아지가 아이들을 보고 짖어댔고, 그걸 보고 한 아이가 우는 일이 발생했다. 그 아이는 밤에 자다가 경기까지 하여, 아이 엄마는 교사에게 왜 그런 곳에 데려가서 자다가 경기를 하게 만들었냐며 따졌다고 한다.

　강아지를 본 뒤에 울고 경기까지 했다니, 아이가 많이 놀란 모양이다. 강아지가 짖는 것을 많이 보지 못한 아이일 수도 있다. 아이들의 교육을 위해 공원 산책을 나간 교사에게 잘해줬다고 하지는 못할지언정 아이를 놀라게 했다고 따진 엄마라니. 어쩌면 아이 엄마는 아이를 온실 속 화초처럼 키우고 있는지도 모른다. 그러다보니 흔히 볼 수 있는 강아지가 짖는 소리에도 놀랐던 것이 아닐까 싶다.

　아이들은 다양한 경험을 하며 성장해야 한다. 그래야 적응력이 향상된다. 햇볕을 쬐고, 바람을 느끼며 바깥 활동도 하고, 공원에 산책도 나가 강아지가 짖는 것도 보는 등 일상생활 속에서 몸으로 체험하며 자라야 한다. 어린이집을 운영하는 원장이나 교사들에게 엄마들이 아이들 바깥 활동 자제를 요청한다는 이야기를 많이 듣는다. 어느 어린이집 원장은 신체 활동이 중요하다고 보고 바깥 활동을 자주 하고 있는데, 한 엄마의 강력한 반대 때문에 어떻게 해야 할지 모르겠다고 했다. 바깥 활동을 잘 하지 않는 아이들은 환경에 대한 적응력이 떨어진다. 아이들에게 사람들이 살아가는 일상을 경험하게 해야 한다. 그 자체가 배움이다. 배움은 어린이집이나 학교에서 배우는 것만이 아니다.

　어린이집 교사로 취학 전 아이들, 만 5세 아이들을 맡았던 적이 있다. 그 어린이집 근처에는 낮은 야산이 있었는데, 나는 그곳에 아이들을 자주 데리고 갔다. 솔방울도 줍고, 여름이면 계곡에 발을 담그고 자신의 생각을 시로 읊어보게도 했다. 한 여자아이는 산에 처음 갔을 때는 무서워서 울었고, 부모들 또한 다칠까 봐 걱정을 했다. 그러나 계속 야산에 올라갔더니 무섭다고 울던 아이는 적응을 했다. 걱정하던 부모들도 아이들에게 현장학습 중심으로 경험하게 해준 점을 고마워했다. 아이는 경험을 통해 성장한다. 집에서만 기를 것이 아니라, 다양한 환경에 노출해서 적응력을 길러주어야 한다.

아이에게
가장 좋은 친구는
바로 자연입니다

"자연을 이길 교사는 없다."

도쿄 유학 중 교육 관련 잡지에서 읽었던 문장이다. 꽤 오래전에 읽었는데도 잊히지 않는다. 우연히 뉴스를 보다가, 미국에서 세 살 된 딸아이를 데리고 암벽등반을 하며 산을 즐겨 찾는 엄마와 아이가 나오는 것을 보았다. 엄마는 18개월부터 아이를 데리고 산에 다녔다고 한다. 18개월이면 발달단계상 걸음마기가 시작되는 연령이다.

아이의 발달을 세분화할 때, 18개월부터 36개월까지를 걸음마기라 한다. 걸음마기란 말에서 나타나듯이, 18개월부터 36개월까지의 아이가 발달하기 위해서는 걷고 돌아다녀야 한다.

어린이집에서 만 1세 반 담임을 맡았던 교사에게 들은 얘기다. 매일 아이들을 데리고 근처 야산에 데리고 갔다고 했다. 30여 분을 걸어서 솔방울도 줍고, 도토리도 만지고, 나무도 안아보면서 놀다가 다시 30여 분 걸어서 돌아온다고. 처음에는 아이들이 힘들어해서 가다가 길에 앉아 버리기도 했는데, 언제부터인가 원에 오자마자 선생님을 신발장 쪽으로 잡아끈다고 한다. 산에 가자는 신호이다.

아이들에게 자연은 가장 풍부한 자극이 된다. 아무리 좋은 장난감이라고 하더라도 자연에 비견할 만한 것은 없다. 자연이 주는 생명감과 다양성 때문이다. 처음에는 다칠 수도 있다. 그렇지만 줄곧 다니다 보면 금방 적응이 된다. 유치원이나 어린이집, 가정의 좁은 공간이 아닌 넓은 공간, 온갖 것들로 풍부한 자연 속에서 아이들이 지내도록 하는 것이 바람직하다.

실패와 성공을
아이가 직접 경험하게
해줘야 합니다

집 근처 가게 앞에서 자동차에 앉아 있다가 본 광경이다. 네 살 정도 되어 보이는 남자아이가 계단을 성큼성큼 내려온다. 계단 끝에는 보도가 있고, 그 바로 옆에는 차를 세워놓을 수 있는 공간이 있다. 그 너머에 찻길이 있다. 아이가 보도에서 내려오려고 하자 계단 위 치킨집에서 맥주를 마시던 할아버지가 "내려가면 안 돼." 한다. 그러자 아이는 다시 성큼성큼 계단을 올라서 할아버지 쪽으로 갔다.

보도 아래쪽으로 내려서기 위해서는 아이가 약간의 턱이 있는 부분을 내려가야 했다. 만일 아이가 그 턱을 넘는 경험을 했더라면 어땠을까. 그 경험을 통해 아이는 높이와 깊이, 대근육 활동, 공간지각 등을 경험할 수 있지 않았을까. 물론 할아버지는 아이가 잘못해서 다칠까 봐 걱정이 되었을 것이다. 조금 더 나가면 도로이기 때문에 위험해서 그랬을 수도 있다. 다른 부모나 어른들도 그 상황이라면 대부분 못하게 했을 것이다.

하지만 내가 아이를 살펴봤을 때, 아이는 충분히 조심하고 있었다. 그럼에도 불구하고 할아버지는 '안 된다'고 했다. 턱을 넘어서 아래쪽으로 내려가보고 싶다는 생각을 하고 있었는데, 그 바람을 저지당한 셈이다. 최근 세계적인 아동심리학자들이 가장 주목하고 있는 아동 발달과 관련된 개념은 회복탄력성이다. 즉 실수를 하거나 실패하더라도 다시 일어설 수 있는 칠전팔기의 정신을 말한다.

지금 우리가 살아가는 세상도 복잡하지만, 지금의 아이들이 미래에 살아갈 세상은 더욱 복잡하고 다차원적일 것이다. 그런 세상을 살아갈 때 필요한 조건 중 하나는 자신에 대한 믿음이다. 이 믿음은 어려서부터 어떤 일을 스스로 경험해보고 그 결과 성공·성취를 얻었을 때 생긴다.

만약 오늘 내가 본 아이가 스스로 턱을 넘는 경험을 했더라면, "내가 해냈구나."라는 자기만족감과 자신감을 얻었을 것이다. 그러한 경험이 회복탄력성 발달의 근간이 된다. 아이를 잘 관찰하고 아이가 스스로 할 수 있게 해야 한다. 아이를 제대로 보지도 않고 위험할 것이라고 판단하여 무조건 안 된다고 해서는 안 된다.

몸은 움직여야 반응하는 것,
오감을 자극하는
신체 활동이 필요해요

글쓰기 관련 강의인 '마음을 움직이는 글쓰기'를 들었다. 도서관에서 진행하는 인문학 강좌였다. 한 시간 반짜리 강의였는데 30분이 추가되었다. 그랬는데도 두 시간이 금방 지나갔다. 글쓰기는 생각을 쓰는 것이고 자료를 요약하는 것이라는 내용이었다. 생각을 글로 옮기기 위해서는 무의식 속에 들어가 있는 우리의 경험을 끌어내야 하는데, 그걸 위해서는 오감을 사용하는 움직임이 있어야 한다고 했다.

강사는 두 전직 대통령의 연설문을 작성하는 담당자였다. 어떨 때는 깜박 잠이 들었는데 꿈속에서 연설문을 쓴 적도 있단다. 생각을 끄집어내기 위해 아내에게 운전을 맡기고 조수석에 앉아 있을 때도 있었는데, 그때보다 직접 손과 발을 움직여서 운전을 할 때 훨씬 더 생각이 잘 떠오르더란다. 몇 차례 실험적으로 조수석과 운전석, 어느 쪽에 앉았을 때 생각이 잘 떠오르는가를 살펴봤더니 자신이 직접 운전할 때였다고 했다.

몸은 움직여야 반응한다. 발달심리학자들은 0세에서 만 3세까지의 영아기를 '성장 급등기'라 했다. 어린아이들의 신체 발달이 급격히 일어나는 시기이다. 이 시기의 아이들에게는 자신의 몸을 충분히 움직일 수 있는 공간과 기회를 제공해주어야 한다.

만 3세에서 만 5세까지의 유아기는 기본운동 발달 능력이 발달하는 '민감기'이다. 민감기란 어떤 발달 특성이 가장 잘 일어나는 시기이다. 기본운동 능력이란 뛰기, 달리기, 던지기 등에 관련된 운동 능력을 말한다. 즉 이때가 기본 운동에 대한 발달이 가장 잘 이루어지는 시기라는 것이다. 이때 체육 특기교육으로 접근을 잘못하면 오히려 신체 발달의 왜곡이 일어날 수 있다.

내가 유학했던 도쿄 가쿠게이대학 유아교육과에 유아 운동심리를 전공한 모리 교수라는 분이 계셨다. 그 교수는 기본운동 능력이 가장 잘 발달되는 취학 전 아이들은, 놀이를 통해 다양하게 신체 활동을 해야 한다는 점을 강조했다.

우리의 몸은 움직여져야 한다. 영유아기 신체운동 활동은 신체적 건강과도 관련되지만, 아이들에게 뭔가 해보고 싶다는 의욕을 갖게 해주고 아이들의 생각을 끄집어내 주기도 한다. 아이들의 오감을 자극하는 신체 활동을 해야 한다.

말보다 행동이 앞서는 아이는
어떻게 대하는 것이
좋을까요

보육교사를 대상으로 직무교육을 했다. 쉬는 시간에 만 2세 반을 맡고 있는 교사가 상담을 요청한다. 반 아이 중 한 남자아이가 말은 거의 하지 않고 행동을 먼저 한단다. 친구가 조금 귀찮게 하면 말로 해결하지 않고 손으로 친구를 때리거나 밀쳐낸다는 것이다. 그러다 보니 반 친구들이 그 아이를 싫어하고 있는 상황이라고 한다. 아이의 행동에 대해 엄마에게 얘기해도 대수롭지 않게 여긴다며, 걱정이 된다고 했다.

아이가 말을 잘 하지 않는 것은 가정에서 언어적 상호작용이 적은 것이 원인일 수 있다. 교사가 전해주는 말로 추측해보면, 엄마가 아이에게 큰 관심이 없는 듯하다. 또 다른 관점에서 보자면 엄마가 아이에게 기대치를 높게 갖고 스트레스를 주면서 뭔가 가르치려 들기보다는, 자연스럽게 놔두려고 하는 것일 수도 있다.

대부분의 아이는 친구와 말을 주고받으며 블록 놀이도 하고, 소꿉장난도 하며 지낸다. 그렇지만 이 아이는 말이 잘 안되다 보니 행동이 먼저 나가는 것이다. 그럴 경우 교사가 말로 표현하는 방법을 구체적으로 알려주면 좋을 것이다. 예를 들어, 아이가 블록을 쌓고 있는데 다른 친구가 와서 블록을 쓰러뜨렸다면 "내가 힘들게 쌓았는데 네가 쓰러뜨리니까 화가 나잖아."처럼 상황과 화가 나는 이유 등을 말로 표현하게 한다. 만 두 살이면 우리나라 나이로는 네 살이다. 이 정도의 상황 표현은 가능하다.

우리가 인간관계에서 가장 가깝게 느끼는 관계는 식구食口, 즉 같이 음식을 나눠먹는 관계이다. 음식은 아무하고나 같이 먹을 수 없다. 같이 식사하면 심리적으로 가깝게 느껴진다. 교사는 식사나 간식 시간에 그 아이의 또래 관계를 신경 써주는 것이 좋다. 고정 좌석을 만들기보다는 앉고 싶은 친구 옆에 앉아서 먹게 한다. 가능하면 반에서 아무에게나 친절한 아이를 그 아이 옆에 앉게 하면 더 좋을 것이다. 식사 때의 관계를 다른 활동으로 확장시켜주면, 더욱 바람직하다.

아이들은 어른보다 또래 친구에 관심이 많다. 교사는 표현력이 부족해 행동이 먼저 나가는 아이를 친구와 같이 사이좋게 지내도록 해주고, 친구를 통해 자연스럽게 말을 배우도록 상황을 만들어주자. 가정과도

연계하여, 부모들도 아이에게 관심을 갖고 언어적 상호작용을 해달라고
요청하면 더 좋을 것이다.

함부로 아이를
나무라지 마세요

"하지 말라니까? 너, 이렇게 말 안 들을 거면 이모한테 가. 이모 혼자
있다고 하니까."

젊은 엄마의 목소리가 도서관에 울려 퍼진다. 엄마가 하지 말라는 행
동을 어린아이가 하고 있는 모양이다. 엄마는 자신의 목소리가 모든 사
람에게 들린다는 사실을 전혀 의식하지 못한 듯하다. 10여 분을 같은 말
을 반복하며 아이를 나무란다.

"여기는 너 혼자 있는 곳이 아니잖아."라는 말도 들린다. 그 엄마가 한
말처럼, 도서관은 많은 사람들이 함께 이용하는 공간이다. 그런데 이 말
을 하는 엄마의 목소리가 아이 목소리보다 3배는 더 컸다. 목소리는 갈

라져 있고, 아이를 진심으로 사랑하고 있는 태도는 찾아볼 수 없었다. 한참 아이를 나무라다 잠잠해진다. 엄마와 아이가 도서관에서 나간 모양이다.

이와 비슷한 장면을 종종 본다. 엄마는 나름대로 생각을 가지고 아이에게 공중도덕에 대해 일러준다. 하지만 그 목소리와 태도는 위압적이다. 아이는 그 분위기에 압도당해 "알았다."고 한다. 이런 방식의 교육은 효과적이지 않다. 아이는 그 순간을 모면하기 위해 말을 듣는 것처럼 행동한다. 자기 자신의 것으로 공중도덕을 내면화하진 못한다. 또 아이의 자아도 손상되어, 긍정적인 자존감을 가지기도 힘들다.

아이가 공중질서를 지켰으면 한다면, 엄마 스스로 공중질서와 도덕을 지켜 모델로서 역할을 하고, 아이의 마음을 안정시킨 후 차분하게 말로 풀어가야 한다. 엄마들이 아이들에게 부드러워지기를 바란다.

아이의 질문에는
확장하여
답하는 게 좋아요

"엄마 차갑지."
"아니."

엘리베이터 안이었다. 10월 중순, 날씨가 갑자기 겨울처럼 추워졌다. 아이가 엄마 손을 잡으며, 차갑지? 라고 물을 만한 날이다. 그런데 엄마는 아니, 라고만 대답한다.

물론 실제로 차갑게 느끼지 않아서 그럴 수 있다. 또는 아이에게 차갑다고 대답하면 민망해할까 봐 배려해서 그랬을 수도 있다. 하지만 정말 그럴까? 아마 아닐 것이다. 그 엄마는 평소에도 아이가 어떤 것을 물었을 때 그냥 쉽게 단답형으로만 대답했을 것이다.

아이들이 질문을 하면 말을 덧붙여 확장시켜 대답하자. 아이가 어떤 것을 묻는다는 것은 그 일에 관심과 흥미가 있다는 뜻이다. 뇌는 흥미와 관심이 있는 것을 배워서 자신의 것으로 만든다. 그러므로 질문한 것에 대답해주는 것은 아이가 자신의 것을 배워갈 수 있는 가장 좋은 기회인 것이다. 그만큼 아이가 묻는 말에 단답형으로 대답하는 것은 부모들이 그토록 원하는 학습의 기회를 잃는 셈이다.

아이는 호기심이 있기 때문에 묻는다. 뇌파를 연구하는 카이스트의 정재승 교수의 강연을 두 번에 걸쳐 들은 적이 있다. 정 교수는 초등학교 저학년까지는 아이가 스스로 탐색하며, '이게 뭐지?'라고 생각하게 하는 기회를 많이 만들어주는 것이 뇌 발달에 도움이 된다고 했다. 뇌 발달과 호기심은 뇌신경으로 연결되어 있는 것이다.

만일 아이가 손을 잡고 차가우냐고 물었는데 차갑지 않다면, 'ㅇㅇ이 손이 따뜻하게 느껴지네.' 또는 '부드럽게 느껴지네.'처럼 여러 어휘를 사용해서 감각적으로 말해주는 것이 좋다. 그렇게 되면 아이는 정서적으로도 자신의 생각이 인정받았다는 생각에 안정감을 갖게 된다. 또한 엄마가 덧붙여서 해주는 말, '따뜻하다'나 '부드럽다' 등을 자신의 언어로 배워가게 된다.

아이가 어떤 단어를 자신의 것으로 만들고 그 개념을 알게 되면 아는 단어만큼 생각하게 된다. 즉 언어가 사고를 규정하는 것이다. 그러므로 아이가 질문을 하거든 짧게 대답하지 말고 확장하여 길게 풀어서 대답해주자.

아이가
새롭게 발견한 것에 대해
이야기할 때에는

"엄마, 여기 5자가 거꾸로 있어요."라고 세 살 된 여자아이가 말하자 엄마는 "만지는 거 아냐." 하면서 아이를 나무란다. 엘리베이터 안에서 있었던 일이다. 일주일에 두세 번은 타는데, 숫자 5가 거꾸로 된 듯한 시각장애인용 글자판이 있다는 것을 그 아이 덕분에 처음 알게 되었다.

숫자가 박혀 있는 곳을 자세히 보니 각 층별로 시각장애인용 숫자가 새겨져 있다. 1층부터 자세히 보았더니 3층은 아이가 말했듯이 마치 숫자 5가 거꾸로 있는 것처럼 보인다. 아이는 숫자 3 밑에 써진 시각장애인용 숫자를 가리켰던 것이다.

우리 어른들은 그냥 지나칠 수 있는 작은 사물에 아이의 시선이 머문 것이다. 몬테소리 교육법을 창안한 마리아 몬테소리는 '영유아기는 작은 사물에 대한 민감기'라 했다. 즉 작은 것을 잘 보는 시기이다. 이 시기가 지나면 아이들은 작은 사물이 눈에 잘 들어오지 않게 된다. 세 살 된 이 아이는 작은 사물에 대한 민감기였기에, 어른들은 잘 보지 못한 시각장애인용 글씨를 본 것이다.

아이가 이렇게 작은 사물에 대한 민감기에 놓여 있을 때는 주변 사물을 스스로 탐색할 기회를 주어야 한다. 이 사례의 엄마처럼 아이의 행동을 제지한다면 탐색하는 것을 주저하게 된다. 또한 아이는 속상한 마음이 들 것인데, 이는 긍정적인 자아 발달에도 부정적인 영향을 미친다.

아이의 발달 특성을 이해하고, 아이가 환경을 탐색하도록 둔 다음 그것을 주변 사람들에게 표현하고 공유하도록 해줘야 한다. 그렇게 되면 아이는 자신감을 갖고 적극적으로 환경을 탐색하게 되며, 그러한 활동을 통해 개념을 알아가고 앎의 폭이 넓고 깊어지게 된다.

아이의 엉뚱한 질문을
존중해줍시다

'박지원의 창의적 생각과 글쓰기 전략'이라는 인문학 강좌를 들은 적이 있다. 연암 박지원은 조선시대 대표적인 실학자로 잘 알려져 있다. 나는 그가 중국에 갔다가 하룻밤에 강을 아홉 번 건너면서 쓴 『열하일기』에 매료됐다. 물소리의 비유적 묘사에 덧붙여 상황과 생각에 따라 물소리가 달라진다는 그의 성찰을 읽을 수 있었다.

강연 내용 중에 '죽은 지식을 넘어 사물 읽기'에 관련된 내용이 있었다. 평범한 사물을 자세히 관찰하여 생각하고, 미의식으로 연결시킨 연암 박지원은 기호문자였던 『천자문』의 구성과 지식 체계도 비판했다고 한다. 다음 글에 그의 생각이 잘 나타나 있다.

"마을의 어린애에게 천자문을 가르치다가 읽기 싫어하기에 꾸짖었더니 그 애가 말합디다. '하늘은 푸르디푸른데 하늘 천天 자는 푸르지가 않아요. 그래서 읽기 싫어요.' 이 아이의 총명함이 창힐을 굶어죽이겠소."

-박지원, 『답창애答蒼厓』3

하늘은 푸른데 하늘 천天 자는 푸르지 않다고 아이는 항변한다(박수밀의 2016년 논문, 「박지원 문학에 나타난 창조적 자유와 그 의미」 참고). 여기서 아이의 생각은 조선 최고의 문호를 넘어 세계적 문호라 일컬을 수 있는 연암 박지원의 생각일 수도 있지만, 실제로 아이가 이렇게 말했을 수도 있다. 있는 그대로 사물을 보는 아이의 눈은 성인들보다 정확하다. 그럼에도 불구하고 어른들은 아이들에게 잘못된 지식을 억지로 가르치려 들기도 한다.

스위스의 인지발달학자 피아제는 이런 상황을 '학대'라 했다. 본래 생물학자로 과학자의 눈을 가졌던 피아제는, 자신의 아이 세 명을 대상으로 아이들의 생각이 어떻게 발달되는지를 연구했다. 연구 결과, 아이는 아이 나름대로의 생각이 있다는 것이 밝혀졌다. 그렇기에 어른들이 아이들에게 생각을 주입시키는 것은 잘못된 것을 넘어 학대 수준이라 했던 것이다. 그리고 보면 요즘 아이들은 얼마나 많은 학대를 받고 있는지. 아이들의 생각을 존중할 일이다.

우는 아이에게는
행동뿐 아니라
말로도 공감해주세요

개방 도서관에서의 일이다. 30대로 보이는 젊은 엄마와 아이 네 명이
왔다. 아이들은 네 명 다 아들이었다. 아이들에게 물었더니 큰아이는 초
등학교 3학년, 둘째는 일곱 살, 셋째는 세 살, 넷째는 한 살이란다. 위의
세 아이는 읽고 싶은 책을 뽑다 책상에 앉아 읽고 있다. 살짝 보았기
때문에 어떤 내용인지 잘 모르겠으나, 주로 만화책이었다. 첫째는 한 권
의 책을 들고 계속 읽고 있다. 둘째는 두세 번 책장을 오가며 번갈아 본
다. 셋째도 그림책 한 권을 들여다보기는 하나, 반 이상은 형들과 엄마,
아기에게 참견한다. 한 살짜리 아이는 유아차를 타고 엄마와 책장 사이
를 다니며 책 향기를 코로 '킁킁' 맡고 있다.

잠시 후 앞쪽에서 '툭' 하는 소리와 함께 아이의 울음소리가 들린다. 도서관 내에서 흘러나오는 음악 소리보다 크게 퍼진다. 세 살짜리 셋째가 책상 아래쪽으로 넘어져 있다. 책상 모서리에 턱을 부딪힌 모양이었다. 아기와 책 여행을 하던 엄마가 재빨리 다가와 아무 말 없이 우는 아이를 안고 자리를 옮긴다. 아이는 엄마 품에 안겨 1분 정도 울다가 그쳤다.

이때 엄마가 아이를 안기만 하지 말고 말로도 공감해주었으면 더 좋았을 것이다. "아프겠네." "○○이가 머리를 부딪혀서 아파서 우는구나."라는 이 한 마디가 아이의 마음을 더 빨리 안정되게 했을 것이다. 또 엄마에게 위로받았다는 느낌도 가질 수 있는 기회였다.

이것이 바로 부모 교육에서 말하는 '반영적 경청'이다. 미국의 심리학자 토마스 고든이 만든 이론이다. 그는 이 이론을 통해서 노벨평화상 후보로까지 올라갔다. 고든에 따르면 반영적 경청을 잘하기 위해서는 상대방의 말과 행동에 주의를 기울이고, 거기에 내포된 사실과 느낌을 헤아리고, 이해한 대로 표현해야 한다. 아이가 아파서 울 경우, 아이가 아프다고 느끼는 감정을 알아채고 아이의 감정을 그대로 반영해서 말로 표현해주자. 그러면 아이는 '아, 엄마가 내 마음을 알아주네.'라는 생각을 갖게 되어 쉽게 울음을 그칠 수 있다. 성인인 우리도 누군가가 내 마음을 알아주면 안정되고 친밀감이 높아진다. 아이 역시 마찬가지다.

아이는 성격이 형성되는 시기에 있다. 양육자로부터 사랑받고 인정받고 있다는 느낌이 애착을 형성하게 한다. 애착은 안정된 성격 형성에 가장 중요한 요소이다. 아이의 건강한 성격 발달을 위해 아이를 사랑하고 인정해주어야 한다. 이는 아이와 공감하는 것에서 비롯된다. 사례의 엄마처럼 안아주는 신체적 접촉도 언어적 표현과 같이 중요한 행동이기는 하지만, 언어적으로도 아이가 느끼는 감정을 읽어서 표현해주도록 하자.

아이에게 말을 걸기보단
아이의 말을 듣고
반응해주세요

    어느 해 여름, 한 달 동안 자동차로 30여 분 거리에 있는 도서관에서 개설한 강좌를 통해 일주일에 한 번씩 글쓰기 공부를 했다. 구체적 묘사를 통해 감동이 있는 글을 쓰는 법, 자신만의 관점을 갖는 법, 실용적인 글쓰기 방법, 독후감이나 서평, 리뷰 쓰는 방법 등에 대해 배웠다. 특히 강사는 "독후감, 서평, 리뷰란 저자가 건넨 말에 대한 나의 대답"이라 정의했다.

    이 말을 듣는 순간 육아는 아이가 보내는 신호에 반응하는 것이라는 생각으로 연결되었다. 졸저 『아이가 보내는 신호들』처럼 말이다. 저자가 책에서 하고자 하는 말을 파악하듯이, 부모나 교사는 아이가 하고자 하는 말과 행동을 읽어내야 한다. 이를 나는 '반응적 육아'라고 한다. 이와 반대로 외부에서 어떤 것을 강요하면 아이는 스트레스를 받게 된다. 아이가 스트레스를 받으면, 기분이 좋지 않은 상태에서 끝나는 것이 아니라 생물학적으로 부정적인 호르몬이 생겨 뇌의 각 부위를 손상시킨다. 이는 이후 병리적인 문제로까지 갈 수 있다.

우주에 대해 연구하는 물리학자 미치오 가쿠의 저서 『마음의 미래』에 의하면, 뇌의 어느 부위가 손상되는가에 따라서 그로 인한 병리적 문제가 나타난다고 한다. 예를 들어 좌측 편두엽이나 전측대상피질이 손상되면 정신분열중이 나타나고, 편도체와 전전두엽이 손상되면 편집중 증세가 나타난다. 또한 아이의 언어 발달에 관한 연구에서는 부모가 아이에게 말을 걸어주기보다는, 아이가 하는 말을 받아들여 상호작용을 해주는 것이 아이의 언어 발달에 바람직하다는 것을 강조한다. 어휘력은 부모가 가르치려고 하기보다 반응할 때 3배 정도 더 발달된다는 것이다. 부모나 교사가 아이에게 '사과는 둥글고, 빨갛고, 초록색이고, 맛은 달다'고 먼저 가르치기 전에, 아기가 사과를 보고 먹으려고 하거나 만지려고 할 때 사과의 형태, 색, 맛 등에 대해 알려주면 더 잘 받아들이게 된다.

뇌 발달도 마찬가지다. 뇌는 관심 있는 것을 자신의 것으로 받아들인다. 아무리 좋은 것이라도 아이가 관심이 없으면 아이의 뇌는 그 사물을 인식하지 않는다. 여든이 넘은 어머니와 충주 탄금대를 간 적이 있다. 우륵이 가야금을 탔다는 탄금대에는 남한강이 보이는 쪽에 공원이 조성

되어 있었다. 나는 어머니가 아름다운 경관을 보기를 바랐다. 그러나 어머니는 공원을 걸으며 숲속에 있는 각종 버섯에 유독 관심을 보였다. 아이들도 마찬가지다. 자신의 관심사만을 보게 되고, 뇌는 그 정보를 받아들인다.

아이가 보내는 신호와 관심, 그 흥미를 파악하고 거기에 반응하는 육아를 해야 한다. 일본 최초의 유치원인 오차노미즈여자대학 부속유치원을 비롯하여 유아교육으로 정평이 나 있는 곳은 '개방보육'이라 하여 하루 일과를 자유선택활동으로 채운다. 이곳에서 교사는 먼저 가르치기보다는 아이들이 자신의 관심과 흥미가 가는 활동을 할 때 도와주는 역할을 주로 한다. 우리나라에서 부모나 교사가 주도권을 갖는 것과는 다르다. 아이를 먼저 살피고, 그에 반응하는 육아를 해야 한다.

"하지 마세요" 보다는
"해줄 수 있겠어요?"

"조용히 하세요."
"뛰지 마세요."
"음악 소리를 줄이세요."
동네 도서관 사서가 이용객에게 하는 말이다.

이곳은 마치 집과 같은 느낌을 주는 곳으로, 편안하고 자유로운 것이 좋아 시간이 허락한 대로 자주 찾고 있다. 도서관 입구에서 신발을 벗어 신발장에 넣고 들어가야 한다. 내가 주로 사용하는 곳은 '가족실'이라는 공간인데, 앉아서 책을 읽을 수 있는 것은 물론이거니와 기대서 누울 수 있는 의자도 놓여 있다. 나도 책을 읽거나 컴퓨터 작업을 하다 피곤하면 그곳에 앉아 눈을 붙이기도 한다.

이런 자유로운 공간과 사서의 명령형 문장은 왠지 어울리지 않는다. 물론 사서는 자신의 일을 충실히 수행하고 있다. 그 덕분에 이용객들은 도서관이라는 공공장소에서의 규칙을 잘 지키며 공간을 이용하고 있다. 그렇지만 사서가 조금만 더 여유를 가져봄은 어떨까. 이용객이 주로 어린이들인데, 그들에게 조금 더 따뜻하게 대해주면 어떨까. 명령형보다 권유형을 쓰면 더 좋을 텐데. 예를 들어 "조금만 조용히 해줄 수 있겠어요?" "조용히 걸어줄 수 있겠어요?" "음악 소리를 조금만 더 낮춰줄 수 있겠어요?"라고 말이다.

명령조로 금지 사항을 듣게 되면 마음이 굳어지게 된다. 부모가 아이들에게 명령식으로 상호작용을 하면 아이의 자율성 발달을 저해할 수도 있다. 자존감도 낮아지게 되고, 눈치를 보게 된다. 명령을 받을 때는 말을 듣지만, 스스로 생각해서 자율적으로 행동할 수 없게 되는 것이다.

다문화 가정의
두 살짜리 아이는
어떻게 언어 교육을 해야 할까요

어느 해 가을. 들판에 일렁이는 황금물결이 아름다운 시골길을 달렸다. 나무에는 울긋불긋 단풍이 들었다. 어떤 곳은 벌써 제 갈 길을 채비하고 있는 낙엽도 있었다. 쉬는 날 오후에 찾은 곳은 다문화 가정이다. 한 달에 한 번 결혼이주여성이나 외국인 근로자의 다문화 가정을 만나 인터뷰한 글을 지역 신문에 게재하고 있다.

다문화는 이미 우리 사회에서 중요한 화두이며, 앞으로는 더욱 중요해질 것이다. 그렇기에 다문화 문제를 미리 파악해서 대응해야 한다. 나는 지역사회에서만이라도 다문화 가족에 대한 편견과 고정관념이 줄어들었으면 하여 이 일을 하고 있다. 편견과 고정관념을 갖지 않으려면 그들에 대한 이해가 필요하다. 그 이해를 제공하기 위해 그들을 만나 어떤 생각을 갖고 사는지, 정부나 관련 행정기관에 바라는 것은 무엇인지 등을 살펴보았다.

그날 찾은 가족은 인도네시아로 일하러 간 한국 남성이 그곳 여성에게 한눈에 반해 결혼한 경우였다. 일곱 살의 큰아이는 인도네시아에서 태어나 두 살 때 한국에 왔다. 바로 어린이집에 다닌 덕분에 한국에 온 지 6개월 정도 지나자 유창하게 한국어를 구사할 수 있었다.

그 아이의 동생은 두 살이다. 아이는 아직 단어를 발음하지 못했다. '어어'라는 음성 언어만 표현할 뿐이다. 많은 시간을 데리고 있는 엄마가 어느 정도 한국어를 할 수 있었지만, 아직 많이 부족했다. 주변에 살고 있는 외국인 노동자들은 거의 한국어를 못했다. 아이가 이들 사이에서 지내다 보니 한국어 습득이 늦은 듯하다. 한국어에 더 많이 노출될 수 있도록 어린이집에 보내는 것이 좋을 것 같았다. 아이들은 또래를 통해 많은 것을 모방한다. 그렇기 때문에 이럴 경우 또래 속에서 지내게 하는 것이 해결책이라고 볼 수 있다.

한국에 중도 입국한
다문화 가정의 아이는
이렇게 언어를 배웠습니다

"저는요, 외국에 친구가 24명이나 있어요. 여자 친구도 있어요."

인도네시아에서 살다 온 일곱 살 Y가 말한다. 아빠가 인도네시아에 일하러 갔다가 아이 엄마를 만나 결혼하게 되어 발리에서 태어났다. 두 살 때 한국으로 온 Y는 인도네시아인 엄마와 생활했는데, 엄마가 한국어를 몰랐기에 한국어를 하지 못했다.

그래서 한국에 들어온 후에는 바로 어린이집에 다녔다. 그러자 Y의 언어를 배우는 속도가 빨라졌다. 6개월 정도 되니까 거의 의사소통이 다 될 정도였다. 원장 선생님과 선생님들이 깜짝 놀랐다며, 자랑을 늘어놓는다. 다문화센터에 가서 한국어를 배우는 엄마보다 훨씬 더 빨리 의

사소통이 가능했다. 아이들은 또래와의 상호작용을 통해 언어, 사회적 관계 기술 등을 배운다. 그렇기에 아이들에게는 또래와 지낼 수 있는 기회를 주어야 한다.

성인인 우리도 성장기 동안에는 나이가 많은 어른보다 비슷한 또래에 관심이 갔다. 마찬가지로 아이들도 어른들보다는 또래에게 관심이 많다. 그래서 아이들을 집에만 있게 하거나, 상호작용이 없이 일정 틀 속에 지내게 하는 것보다는 또래와의 상호작용이 활발하게 일어날 수 있는 놀이 기회를 자주 주는 것이 좋다.

아이들은 언어를 배울 수 있는 기능을 가지고 태어났다. 말을 듣고 이해하는 영역인 베르니케 영역과 말을 산출하는 영역인 브로카 영역이 바로 그것이다. 이 기능은 특히 아이 때 민감하다. 언어학자들은 적어도 6~7세 이전이 언어 발달의 민감기라고 본다. 이 시기에 언어를 배울 수 있는 환경에 노출시켜줘야 한다. 그렇지 않으면 이 영역은 다른 영역이 침범하게 되어, 언어를 배워도 습득이 어렵게 된다. 언어의 민감기를 놓치지 말자. 언어를 배울 수 있는 환경에 꾸준히 노출시켜주자.

어릴 때부터
남을 돕는 행동을
연습해야 합니다

"저 좀 도와주세요. 운전석 앞쪽에 스위치처럼 생긴 것이 두 개 있는데 그중 하나를 누르면 돼요."

자동차 트렁크에 손가락이 끼었다. 무척 아팠다. 피가 통하지 않아 팔뚝에 힘줄이 서고 파랗게 변했다. 다급한 상황이었지만 침착하게 지나가던 중년 부인에게 도움을 요청했다. 강아지를 품에 안은 그 부인은 "어머 저는 그런 것 잘 몰라요."라고 말하며 그냥 지나갔다. 나중에 다른 행인이 달려와 트렁크 문을 열어줬다. 결국 손가락에 깁스를 해야 했다.

이것은 지인이 겪은 실제 이야기이다. 그 중년 부인은 왜 도움을 요청

받았는데도 그냥 지나갔을까? 그 이유를 세 가지로 예측해본다. 먼저 스스로 얘기했듯이, 자동차에 대해 전혀 모르기에 잘못 작동시키면 오히려 더 큰 문제가 발생할지도 모른다는 생각에 지레 겁을 먹었을지도 모른다. 다음으로 이 사람을 도와주려면 강아지를 내려놓아야 했기 때문일 수 있다. 사람보다 강아지를 소중하다고 생각하는 사람일 경우 가능한 이야기다. 마지막으로 평상시에 다른 사람을 도와준 경험이 없는 사람일 수 있다.

인간의 발달과정을 고려해볼 때, 세 번째일 가능성이 크다. 발달심리학에서는 어떤 대가를 바라지 않고 다른 사람을 돕는 행동을 '친사회적 행동' 즉 이타성이라 한다. 내가 도쿄에서 유학할 당시 한국인 유학생 이수현 군이 술에 취해 철로에 떨어진 승객을 구하다 목숨을 잃어 많은 일본 사람을 감동하게 했던 일이 있다. 이것 또한 이타성에서 비롯된 행동이다.

연구에 의하면 생후 8개월 된 영아도 다른 친구가 슬퍼하면 같이 슬퍼한다거나, 누군가가 물건을 떨어뜨리면 가서 주워주는 등의 친사회적 행동이 가능하다고 한다. 그러므로 영유아기부터 이타적 행동을 몸에 익히게 하기 위해서는 연습이 필요하다. 친구가 옆에 있다면 먹을 것을 나누게 하거나, 친구가 무거운 물건을 들면 가서 도와주는 등의 행동을 하게 해야 한다. 남을 돕는 것도 몸에 배어 있어야 자연스럽게 나온다.

늘 오던 도서관의 쓰레기통이
어디 있는지 모르는 아이

"쓰레기통이 어디 있어요?"
"응, 저쪽이랑 이쪽에."

독서모임이 있는 도서관 입구에서의 일이다. 초등학교 저학년으로 보이는 아이가 나에게 쓰레기통이 어디에 있는지 묻는다. 나는 도서관 뒤쪽에 있는 쓰레기통 두 개의 위치를 알려주었다. 뒤쪽 쓰레기통을 먼저 알려주고 나니, 더 가까이에 있는 쓰레기통이 생각나서 그것도 말해주었다. 아이는 "고맙습니다."라고 하며 바로 눈앞에 보이는 쓰레기통으로 향한다.

도서관 앞에 주차된 자동차로 책을 가지러 갔다가 다시 들어왔는데,

누군가 길가에 주차된 자동차에서 내려 인사를 한다. 예비 보육교사인 제자이다. 아까 쓰레기통의 위치를 물어봤던 그 아이는 바로 제자의 딸이란다. 나이와 학년을 물었더니 열 살이며, 초등학교 3학년이라고 한다. 주차를 하는 엄마 대신 빌린 책을 반납하러 가다가, 버릴 것이 있어 쓰레기통을 찾았던 모양이다.

제자에게 어디 사는지 물으니 도서관에서 멀지 않은 곳에 살고 있다. 아이는 엄마 또는 친구와 함께, 혹은 혼자서 도서관에 몇 차례 왔을 것이다. 관심 있게 주변을 살폈다면 쓰레기통이 어디쯤 있다는 것은 알고 있었을 것이다. 별로 쓰레기를 버릴 일이 없었거나, 엄마가 평소에 버려주어서 그랬을 수도 있겠지만 무엇보다 이용 공간에 대한 관심을 많이 갖지 않았던 거라 본다. 부모나 교사는 각 공간의 주된 기능뿐 아니라, 그 공간에 관련한 사람이나 사물 등에 대해서도 아이들에게 알려주면 좋다. 그렇게 되면 아이는 공간에 대한 사고의 폭이 보다 더 넓어질 것이다.

해야 할 일은 미리 해두어
여유를 갖는
버릇을 들여요

  우리나라에 '통섭'이라는 학문을 소개한 생태지식학자 최재천 교수는 하버드대학에서 공부하며 기숙사 사감 역할을 했다고 한다. 그때 하버드 학생들을 지켜보다 한 가지 공통점을 발견했는데, 다름이 아니라 무슨 일이든지 일찍 끝내는 습관이 있다는 것이었다. 배우는 학생뿐만 아니라 가르치는 교수도 마찬가지였단다. 이들을 지켜보고 난 후, 최 교수는 신문 칼럼 원고 등 기한 날짜를 지켜야 하는 것들도 미리미리 하는 습관이 들어 먼저 보낸다고 한다.

  새 학기가 시작되어 교과목 오리엔테이션을 하는 강의 첫날에는 학생들에게 이 일화를 들려준다. 그리고 과제나 발표 자료 등을 일주일 전에 미리 보내달라고 한다. 학교에 다닐 때부터 미리 하는 습관을 들여, 이후에도 질적 수준이 높은 삶을 살았으면 하는 바람 때문이다. 일주일 먼저 보내온 자료는 그대로 발표를 해도 좋은지, 아니면 수정 및 보완을 해야 할지를 검토한 후 답장을 보낸다.

해야 할 일을 미리 하면 완성도가 높아진다. 급하게 마감 시간에 맞춰 할 경우, 일에 대한 집중력은 생길 수 있으나 폭넓게 생각하는 창의적인 생각을 하기 어렵다. 미리 하면 여유가 생긴다. 그 여유 시간 동안 창의적 생각, 즉 발산적·확산적 사고를 하게 된다.

영유아기 교육의 중요한 역할 중 하나는 습관 형성이다. 유학 중 체험한 일본의 경우 역시, 영유아기에 가장 중요한 발달과업을 올바른 습관 형성으로 본다. 우리 아이들에게도 어린 시기부터 미리 하는 습관을 가질 수 있도록 하자.

가을에는
아이들 앞에서
책을 읽어봐요

24시간 열람식 도서관에서 본 광경이다. 자정이 다 된 시간인데도 많은 사람이 책을 읽고 있다. 처서도 지나니 모기가 없어 좋다. 날씨는 덥지도 춥지도 않다. 책을 읽기 좋은 시간이다. 유리로 되어 투명한 도서관 창밖은 어둡지만, 바로 옆에 있는 습지의 풀들도 기분 좋은 듯 가을바람에 가벼운 몸동작으로 춤을 춘다.

젊은 연인들에게는 이 공간이 데이트 장소다. 책 향기를 맡으며 소곤소곤 밀어를 나누거나, 나란히 앉아 컴퓨터 작업을 하거나, 마주 앉아 각자 책을 읽기도 한다. 수를 놓는 사람도 있다. 가족 단위 속에 초등학생으로 보이는 어린아이도 있다. 아이는 도서관에 꽂힌 책이 신기한 듯

책장 사이를 돌아다니며 구경에 여념이 없다.

미국의 심리학자인 제임스 힐먼은 "어린 시절에 이야기를 직접 읽었거나 다른 사람이 읽어주는 것을 들으면서 성장한 사람들은 이야기를 줄거리로만 듣고 자란 사람들에 비해 예지력이 훨씬 뛰어나고 정신 발달 상태도 더 낫다."고 주장했다. "일찍부터 삶을 경험한다는 것, 그것은 이미 인생에 대한 전망을 얻는 것이다."라고도 했다.

어려서부터 책을 읽게 되면 상상력을 키울 수 있다. 그 상상력은 제임스 힐먼이 강조하듯이 나중에 예지력을 갖게 해줄 것이며, 더 나은 삶을 살아갈 수 있는 토대를 마련해줄 것이다. 독서는 부모가 먼저 모범을 보여야 한다. 가을밤, 도서관으로 아이와 함께 와서 독서를 하는 부모처럼. 독서하기 좋은 계절인 가을. 부모가 손에 책을 들자. 아이도 틀림없이 따라 할 것이다.

배려 교육은
어려서부터 하는 것이
중요합니다

공휴일에 노트북을 사용할 수 있는 개방형 도서관에 갔다. 능수버들과 억새 등 초록빛 자연을 한눈에 볼 수 있는 넓은 창가에, 누군가 노트북을 놓고 갔다. 그 옆에 노트북을 펼치고 앉았다. 3시간 정도가 지나자 20~30대로 보이는 여성이 오더니 노트북을 가져간다. 좋은 창가 자리를 확보하기 위해 놓고 간 것이 아닌가 싶다. 일찍 온 사람들을 위한 배려가 없다는 생각이 들었다.

세 명이 노트북 사용 코너로 온다. 남은 의자가 두 개밖에 없다. 다른 곳도 사람들이 앉아 있다. 한 사람은 서가에 가서 책을 살펴본다. 그들 일행 중, 바로 내 옆에 앉아 있는 30대 전후의 남성은 책을 읽지 않고 공부를 한다. '~모형, 의사결정 최종 단계' 등이 적혀 있는 교재가 보인다. 커뮤니케이션이나 경영학 공부를 하는 것 같다. 도서관을 독서실로 이용하고 있는 셈이다.

내 왼쪽에 앉아 공부하는 사람과 거리가 꽤 가깝다. 시간이 지나자 글을 쓸 때 신경이 쓰였다. 마침 오른쪽에는 노트북만 놓여 있고 사람이 없다. 나는 오른쪽으로 자리를 약간 이동했다. 그랬더니 왼쪽에 앉아 있던 그 남성이 일어서서 다른 곳에 놓여 있는 의자를 가져온다. 그리고는 그와 나 사이에 놓고 서가에 있던 일행을 앉게 한다. 나는 생각하며 글을 쓰고 싶어 이동했던 것인데, 다시 자리가 좁혀진 셈이다.

마침 그때 내 오른쪽에 노트북만 놓고 간 사람이 노트북을 가져간다. 자리를 옮겼다. 왼쪽 일행 중에서 나중에 앉았던 사람이 내가 앉았던 자리로 이동했다. 그러면 가져온 의자를 원래 자리에 가져다 놓아야 할 텐데, 그들은 그 의자에 자기네들 짐을 올려놓는다.

이곳에는 약 250여 명이 앉을 수 있는 의자가 있다. 요즘에는 휴가와 방학을 맞아 사람들이 많이 찾고 있고, 더구나 그날은 휴일이었다. 당연히 의자가 부족했다. 몇 사람은 그냥 바닥에 앉아 책을 읽고 있다. 다른 사람을 생각한다면 자리를 확보하기 위해 노트북만 놓고 가지 말아야 했다. 또 가져온 의자를 개인 용도로 사용하지 않고 본래 자리에 되돌려놓았어야 했다.

이들을 보며, 도쿄에서 보고 들었던 장면이 스쳐지나갔다. 지하철에서는 신문을 책 크기만큼 작게 접어서 읽는다. 의자에 앉을 때도 양다리를 벌리지 않고 모은다. 핸드폰은 진동이나 무음으로 한다. 후쿠시마 원전 사고 때 도쿄에 살며 아이 셋을 키우고 있는 친구에게 안부 전화를 했다. 이런저런 얘기 끝에 친구는 다른 사람을 배려해서 필수품 사재기를 하지 않았다고 말했다.

연구를 위해 일본 부모들에게 '자녀가 어떤 사람으로 성장했으면 좋겠는가?'라고 물은 적이 있다. 가장 많이 나온 대답이 '다른 사람에게 피해 주지 않는 사람'이라는 대답이었다. 의사이자 교육학자였던 이탈리아의 마리아 몬테소리는 '민감기'라는 개념을 사용해 이 시기에 배려에 대한 교육을 해야 한다고 강조한다. 배려도 어린 시기에 잘 나타나고 잘 배우게 된다는 사실이다.

학자들의 연구에 의해 7개월 된 아이들도 다른 사람을 배려할 줄 안다는 것이 밝혀졌다. 이때부터 배려를 가르치고 경험시켜 자연스럽게 몸에 익히게 해야 한다. 무엇보다 아이들에게 의미 있는 타자인 부모가 모범을 보여야 한다. 아이들은 부모가 말하는 대로 자라는 것이 아니라 부모의 등을 보고 자라기 때문이다.

밤 9시까지
혼자 남아 있는
아이의 마음은

어린이집에 근무하는 제자로부터 문자가 들어왔다. 명절을 맞아 마음을 전하고 싶다며 일정을 묻는다. 마침 제자가 근무하는 어린이집 근처에서 약속이 있었다. 오후 6시 반 전후로 만나기로 했다. 나는 제자가 업무를 끝내는 줄 알고, 저녁을 사줄 생각을 하고 약속장소로 갔다. 저녁을 먹자고 했더니 다시 어린이집에 들어가야 한다고 한다. 아직 남아 있는 아이가 있단다. 그 아이는 밤 9시까지 있다가 집에 간단다. 원장이 남아 있어 잠시 맡기고 온 모양이다.

다른 아이들은 다 집에 가고 혼자 어린이집에 남아 있는 아이의 마음은 어떨까. 물론 선생님과 일대일로 지낼 수 있는 좋은 기회이기도 하다. 그러나 아이는 무엇보다 가정에서 부모와 따뜻한 시간을 보내고 싶을 것이다. 다른 아이들처럼 엄마 아빠를 따라 슈퍼에 가고 싶고, 함께 밥을 먹고 싶고, 무릎 위에 올라 앉아 장난도 치고 싶고, 어린이집에 있었던 일을 얘기하고 싶고, 배운 노래와 춤도 보여주고 싶을 것이다.

밤 9시에 돌아온 엄마는 피곤하다. 집안일도 해야 한다. 아이와 함께 놀아줄 시간은 거의 없을 것이다. 아이는 이내 풀이 죽을 것이며, 집에 돌아간 지 얼마 후면 씻고 잠들 것이다. 엄마가 아이를 일찍 어린이집으로 데리러 오지 않는 한 같은 생활이 반복된다. 엄마 아빠는 토요일이나 일요일에도 피곤해서 아이와 많이 놀아주지 못할지도 모른다.

정부는 기업과 연계하여 육아휴직 제도를 꼼꼼히 만들어야 한다. 아이들 발달에 중요한 영아기와 유아기에는 엄마 아빠가 경제활동보다 육아에 더 많은 시간과 마음을 쏟을 수 있도록 정책을 세워야 한다. 아이를 건강하게 기를 수 있는 중요 요건이다. 아이가 건강하게 잘 자라면 그 아이 인생 전체에 큰 선물을 주는 것이며, 뿐만 아니라 부모와 가정, 사회, 더 나아가 인류를 위한 일이다.

아이가 어린 시기에는 육아를 위한 시간을 갖도록 제도적 정비를 서두르자. 그것이 국가 경쟁력과 직결되어 있음을 정치가와 행정가는 인식하고 있어야 한다. 부모 또한 아이 발달의 중요한 시기를 놓치지 않도록 노력해야 한다.

그림책을 계속 읽어달라고
조르는 아이에게는

보육실습 지도 중 실습교사를 만났다. 20명 정원의 가정 어린이집에서 만 1세 반을 맡고 있단다. 동화책을 읽어준 후, 아이들에게 책 내용을 주제로 그림을 그리게 했더니 한 아이는 계속 그림책을 읽어달라고 했다고 한다. 그 아이는 그림을 그리는 것보다 그림책 내용을 듣는 것이 더 재미있게 느껴지는 것이다.

이럴 경우, 다른 아이들과 같이 그림을 그리게 하는 것보다는 아이의 개별적인 요구에 초점을 맞추는 것이 발달상 바람직하다. 현실적으로 한 교사가 아이 한 명 한 명의 개별차를 존중하여 각기 다른 요구에 따르기는 쉽지 않은 일이다. 그러나 아이들 한 명 한 명에게 의미 있는 활동이 이루어져야 한다. 그러므로 교사가 주도권을 갖고 획일적으로 뭔가를 가르치기보다는, 환경을 갖춰준 다음 아이들이 스스로 활동을 하게 하는 것이 바람직하다.

　아이 스스로 뭔가를 했을 때 의미가 있다. 이는 뇌 발달과 자아존중감 발달과도 관계가 있다. 자기 스스로 '이게 뭐지?'라고 묻는 경험이 아이의 뇌 신경계 발달에 많은 도움을 준다. 또 스스로 했을 때의 느끼는 '내가 해냈구나.'라는 감정을 통해 긍정적인 자아존중감이 발달하게 된다. 기억하자. 교육의 어원은 가르치는 것이 아니라 이끌어내는 것이다.

겁을 주려고
무서운 이야기를 해주는 건
좋지 않아요

　어린이집 원장과 보육교사 대상으로 한, 만 3세까지의 영아 발달에 관한 강의 시간에 나온 얘기다.

　"아이가 고집 피우고 말 안 들으면 무서운 도깨비 얘기해주세요."

　만 3세 아이를 둔 엄마가 담임교사에게 이렇게 말했다고 한다. 교사는 "이 시기에는 아이들이 스스로 뭔가를 하려고 하는 자율성이 싹트기 때문에 자기 몸 상태가 좋지 않으면 칭얼대기도 하는데, 엄마는 아이의 이런 발달이나 상태를 생각하지 않고 겁을 줄 수 있는 무서운 얘기를 해달라고 하는 거예요."라고 했다.

어린이집 담임교사에게 이런 부탁을 하는 엄마라면, 집에서도 스트레스를 주고 있을 거라고 짐작된다. 엄마는 집에서 아이가 보채거나 자기 주장을 할 때면 무서운 얘기를 하고 있을 것이다. 교사가 말했듯이 이 시기는 스스로 하고자 하는 자율성이 싹트는 시기다. 어떤 일을 스스로 하고자 자기주장을 내세우는 것이다. 부모 입장에서 보면 고집이 세다고 생각할 수도 있다.

그렇지만 어린 시기에 긴장과 불안을 경험하는 것은 정신 병리적으로 좋지 않은 영향을 끼친다. 엄마가 부탁한 대로 무서운 도깨비 얘기를 들려준다면 아이는 긴장하고 무서움을 탈 것이다. 긴장과 무서움은 부정적인 호르몬인 코르티솔의 수치를 높인다. 이 코르티솔은 뇌 발달에 방해가 되어 결과적으로 뇌 발달 저하를 가져오게 된다. 뇌 발달 저하란 곧 뇌의 각 부위에 손상이 간다는 것을 뜻한다. 그리고 그 손상이 이후에 병리적인 문제와 연결될 수도 있다.

아이 발달에 중요한 영유아기이기에 부모는 이와 같은 아이의 발달 특성을 이해해야 한다. 말을 안 듣는 것이 아니다. 스스로 하고자 하는 자율성을 얻기 위한 것이다. 부모는 무섭게 겁을 주기보다는 아이를 이해하려 노력하고 따뜻하게 대해줘야 한다. 교사도 마찬가지다. 아이는 사랑과 보살핌을 받아 마땅한 존재이기에.

아이를 제대로 관찰해야
건강한 사랑이
가능해요

대상을 잘 관찰하고 싶어 그림 공부를 했다. 일주일에 한 번, 두 시간 정도 초보적인 단계부터 배우는 중이다. 처음에는 손목이 아닌 팔과 어깨 힘으로 한 번에 선 긋기 연습을 했다. 하얀 스케치북에 4B 연필로 위에서 아래로 긋는 느낌이 좋았다. 컵을 앞에 놓고 그려보기도 했다. 먼저 컵을 잘 관찰한 후에 그려보라고 한다. 선생님은 내가 그린 그림을 보더니 구도가 잘 잡혀 있으며, 한 번에 선을 긋는 것이 잘 되어 있다고 한다.

그리고 싶은 대상을 관찰한 후 어색하지 않게 그리는 연습도 했다. 사과의 형태, 질감, 특징을 자세히 관찰하라고 한다. 대상을 사실 그대로 보다 특징을 잡아 그리라고 한다. 사과의 형태는 둥글다. 바깥쪽으로 둥근 선을 그린 후, 사과 꼭지의 위치를 잡고 그린다. 꼭지 부위의 갈색으로 드러난 부위의 특징도 포착했다. 연초록의 사과에 검은 점이 몇 개 있다. 그 점도 놓치지 않았다. 사과는 움직이지 않는 정물이다. 선생님은 그럴 경우 무거움을 나타내는 굵은 선을 이용하라고 한다.

사과를 그리는 내내 선생님은 처음부터 끝까지 관찰을 강조한다. 그릴 대상의 특징을 먼저 파악해야 한다고. 아이 양육 또한 마찬가지라고 생각했다. 아이를 잘 관찰해야 아이가 어떤 발달을 하고 있고 어디에 관심과 흥미가 있는지 알 수 있다. 물론 잘 관찰하기 위해서는 연령별 아이의 발달 특성을 사전 지식으로 알고 있어야 한다.

일본에서는 유치원과 어린이집 교사가 작성하는 교육계획안과 보육계획안 제일 윗부분에 아이의 현재 상태를 기록하게 되어 있다. 자신이 맡은 아이를 잘 관찰해서 파악한 후, 그 특징을 기록하라는 것이다. 그에 비해 우리나라는 주제나 목표, 시간대별·영역별 활동을 기록하게 되어 있다.

관찰을 잘 하기 위해서는 부모나 교사가 아이의 발달 특징을 잘 알고 있어야 한다. 그래야 아이가 보이는 말과 행동, 표정을 의미 있게 읽을 수 있다. 여기서 아이의 발달 특성을 잘 알고 있어야 한다는 것은, 아이의 애착과 자아존중감, 사회도덕성, 정서 등 각 영역별 발달에 대해 알고 있어야 한다는 의미다.

아이를 잘 관찰하기 위한 또 다른 조건은 아이를 온전히 사랑하는 마음을 가지고 있어야 한다는 것이다. 영국의 아동심리학자 스티브 비덜프는 『3살까지는 엄마가 키워라』에서 의미 있는 내용을 공개하고 있다. 그는 엄마가 정말 사랑하는 마음을 갖고 아이와 상호작용하는 장면과 교사와 아이가 상호작용하는 장면을 비디오 카메라로 촬영했다. 그런데 아무리 상호작용을 잘 하는 교사와 아이 관계라 하더라도, 엄마와 아이가 상호작용을 하는 관계에서 나타나는 친밀한 정서적 교류가 나타나지 않음을 밝혔다.

어느 교사는 "내가 아이들을 교육적으로는 신경 쓰지만, 정말 사랑하지는 못한 것 같다."라고 했다. 이러한 사례를 통해 알 수 있는 것은, 아이의 건강한 발달을 위해서는 유치원이나 어린이집에서 교사가 '진짜 엄마'가 되어야 한다는 것이다. '진짜 엄마'란 엄마와 아이가 상호작용을 잘하는 사이에서 나타나는 엄마의 모습을 말한다.

그림을 그리기 위해서는 관찰을 통해 그리고자 하는 대상의 특징을 파악해야 하듯이, 아이를 잘 양육하기 위해서는 아이의 발달 특성을 알고 그를 전제로 한 관찰이 토대가 되어야 한다. 그랬을 때 비로소 어른 중심의 양육이 아닌 아이 중심의 양육을 할 수 있다. 아이를 건강하게 자라나게 하는 사랑은 엄마나 교사가 주는 일방적 사랑이 아니라, 아이가 느끼는 사랑이다. 그 사랑만이 제대로 된 관찰을 가능하게 한다.

분홍색 장난감만
가지고 노는
아이에게는

"반 아이 중 남자아이인데 늘 분홍색 장난감을 가지고 놀려고 해요. 다른 남자아이들하고는 놀려고 하지 않고요. 어떻게 해주어야 할지 모르겠어요."

현직 보육교사 교육에서 만 4세 반을 맡고 있다는 교사가 한 질문이다. 아이의 엄마는 아이에게 관심을 많이 갖고 있어 교사에게도 전화를 자주 한다고 한다. 이 아이의 행동은 문제행동이라고 할 수 없다. 아이가 분홍색을 선호할 수도 있으니. 그런데 군이 분홍색만 고집하고, 같은 성별인 남자아이들과 놀지 않으려고 하는 것에 대해서는 세 가지 이유를 생각할 수 있다.

먼저, 교사에게 자주 전화를 하는 엄마라는 사실을 보면 엄마가 관여를 많이 하는 타입이지 않나 싶다. 집에서도 아이에게 많이 간섭할 거라는 추측이 간다. 엄마 입장에서 '분홍색은 여자아이가 가지고 노는 색상'이라는 고정관념을 깨트려주고 싶어서, 일부러 남자아이인 아들에게도 '분홍색 장난감도 괜찮아.'라고 해주지 않았을까? 남자아이인데 여자아이들하고만 노는 것은 엄마가 그런 기대를 품고 여자아이들과 많이 놀게 하지 않았을까 싶다. 즉 아이가 보인 행동은 엄마의 영향이 클 거라는 생각이다.

다음으로는 분홍색을 가지고 노는 누나나 여동생이 집에 있을 가능성이 있다. 같이 놀면서 자연스럽게 분홍색에 익숙해진 것이 아닐까. 교사에게 가족 관계를 물어보지는 못했지만, 그럴 수도 있으리라 본다. 즉 가까운 형제 관계의 영향을 받은 것이다.

마지막으로, 아이의 뇌 구조에 차이가 있을 수 있다. 남녀의 뇌에 차이가 없다는 학자들도 있지만 일부 뇌과학자들은 남자아이들이 '체계화의 뇌'를 갖고 있어 공간 능력이나 체계화가 뛰어나다고 본다. 이에 비해 여자아이들은 '공감의 뇌'를 갖고 있어 공감 능력이 뛰어나다고 말하기도 한다. 슬퍼하는 아이가 있으면 같이 슬퍼할 줄 아는 것이다. 이와 같이 뇌과학자들은 남녀 뇌에 차이가 있다고 보고 있다. 그런데 약 7% 정도의 아이들은 남자아이인데 '공감의 뇌'를 가지고 있고, 여자아이인데 '체계화의 뇌'를 가지고 있다고 한다. 이 아이도 남자아이지만 여자아이의 뇌 구조를 가지고 있을 수도 있다.

아이가 역할극을 할 때 분홍색 모자를 쓰려 하니 담임교사가 "너는 남자잖아!"라고 했다고 가정해보자. 그렇게 되면 아이는 "분홍색은 남자가 쓰면 안 되는 색이구나."라고 생각하며 고정관념이 생기게 된다. 교사 자신부터 고정관념과 편견에서 벗어나야 한다. 앞에서 제시한 사례에서는 다행히 교사가 이런 고정관념을 갖고 있지는 않았지만, 교사가 '분홍색은 여자아이가 사용하는 색'이라는 고정관념을 가지고 있다면 아이 역시 자신도 모르게 잘못된 고정관념과 편견을 갖게 될 것이다.

남자아이인데 분홍색만 가지고 논다 해서 너무 걱정하지 않아도 된다. 자연스럽게 그 아이가 좋아하는 놀이를 통해 다른 색의 장난감도 가지고 놀 수 있는 기회를 주자. 또 그 과정에서 남자아이들하고 함께할 수 있게 하자.

정신분석학자인 융은 우리 인간을 가리켜 양성성을 지닌 존재라 했다. 즉 남성이어도 여성성을 가지고 있고, 여성이어도 남성성을 가지고 있다는 것이다. 샌드라 벰Sandra Bem도 같은 의견을 제시했다. 본래 갖고 있는 양성성으로 살아가게 하는 것이 보다 넓은 선택의 폭을 가질 수 있다. 사회적으로 유능한 사람들을 실제로 추적 연구한 결과, 어린 시기에 성 고정관념에 사로잡히지 않고 자란 사람들이라는 것이 밝혀졌다.

최근에는 아이 이름만으로는 성별을 구별하기 어려운 경우가 많다. 아이가 특정한 성에 대해 고정관념을 갖지 않도록 하기 위한 부모들의 배려다. 아이들의 건강한 발달을 위한 바람직한 변화 중 하나다. 부모나 교사는 아이들에게 생물학적인 성의 차이는 인식하도록 하되, 특정 성에 대한 편견과 고정관념을 갖지 않게 해야 한다.

우리 아이들에게
충분한 수면시간을
주세요

자정이 지났다. 늦게 운동을 나간 나는 집 근처에 있는 중학교 운동장을 걷고 있었다. 흙 밟는 감촉이 좋아 내가 즐겨 찾는 운동 장소인데, 어디선가 남자 어른의 목소리와 어린아이들 목소리가 들린다. 나무가 심어진 울타리와 아파트 사이로 난 길에 세 사람이 보인다.

그 시간에도 가로등이 밝게 비추고 있어 어떤 사람인지 분간이 된다. 젊은 아빠가 두세 살 된 아들을 업고 간다. 아빠는 등에 업힌 아이에게 "~하잖아. 그런데 어쩌자고."라고 한다. 아이는 잘 들리지 않지만 뭐라고 중얼거리며 아빠에게 칭얼댄다. 그 옆에 네댓 살 된 딸아이가 경쾌한 발걸음으로 따라가고 있다. 잠시 후 그들은 아파트로 통하는 길로 들어선다.

아빠와 아이들은 어디를 다녀오고 있는 것일까. 내가 주로 운동을 하는 중학교에서 약 5분 떨어진 거리에 지역 주민들이 이용하는 중심 상가가 있다. 은행, 마트, 서점뿐 아니라 식당, 제과점 등도 있다. 아빠가 휴가라서 늦은 저녁을 먹고 오는 중일까. 집에 있기가 너무 더워서 더위를 피해 시원한 가게에서 아이스크림이라도 먹고 오는 것일까. 아니면 아빠는 친구들과 술 한잔 하고, 아이들은 아빠를 따라가서 옆에서 놀다 오는 길일까. 엄마는 내일 출근을 해야 하기에 집에서 쉬거나 먼저 자고 있을까.

우리나라 아이들은 대체로 늦게 자고 일찍 일어나는 편이다. 몇 년 전, 미취학 아동을 둔 우리나라 부모와 일본 부모들을 대상으로 몇 시에 아이를 재우는지 조사한 적이 있다. 우리나라 부모가 아이를 재우는 시간은 평균 밤 10시 정도였는데, 그에 비해 일본 부모는 밤 9시경에 아이를 재우고 있었다. 아침에 깨우는 시간은 우리나라 아이들이 한 시간 정도 빨랐다. 우리나라 아이들이 늦게 자고 일찍 일어나는 것은 부모들의 생활리듬에 아이들의 수면시간을 맞추고 있기 때문이라 본다. 연령에 따라 필요 수면시간은 각기 다르지만, 앞에서 언급한 아빠와 귀가하는 아이들 정도의 나이라면 13시간 정도는 자야 한다.

취학 전 아이들의 충분한 수면은 신체·운동 능력 및 기억 발달에 중요한 영향을 미친다. 잠자는 시간에 성장호르몬이 분비되기 때문이다.

적절한 성장호르몬의 공급은 성장기에 놓인 아이들의 발달에 필수적이다. 또한 아이들의 뇌는 깨어 있을 때 받아들인 정보를 수면시간 동안 정리하고 저장한다. 그러므로 이 시기의 아이들은 충분히 재워야 한다.

부모도 일찍 자면서 아이 또한 일찍 자는 습관을 들이는 것이 바람직하리라 본다. 깨우는 시간의 경우, 부모가 일찍 직장에 나가야 하여 일찍 깨워야만 하는 상황도 있겠지만, 아이의 발달을 위해 다른 방법을 생각해보면 어떨까 싶다. 부모가 둘 다 일찍 나가야 한다면 아이 발달에 중요한 시기인 만 세 살까지, 또는 만 다섯 살까지만이라도 한 사람이 늦게 출근하거나, 육아휴직을 생각해볼 만도 하다.

이를 위해서는 특히 여성들의 육아휴직과 휴직을 하는 사람이 부담을 갖지 않을 직장 분위기 등 구체적인 제도와 문화가 정착되어야 한다. 도쿄 유학 시 첫 실습을 갔던 명문 사립유치원의 입학조건, '우리 원에 보내려면 반드시 보호자가 집에 있어야 한다.'가 떠오른다. 그렇게 되면 아이에게 충분한 수면시간을 줄 수 있을 것이다. 그들은 아이 중심의 생각을 하고 있었다.

감사하는 마음을 통해서
올바른 사회성을
갖게 됩니다

　IMF 때 지병을 얻었던 가족이 급성폐렴과 저혈압 등 몇 가지 합병증으로 갑자기 세상을 떴다. 가족들의 슬픔이 아직 채 가시지 않았다. 누구보다 슬픔이 큰 사람은 부모와 자식들일 것이다. 성인이기는 하지만 아직은 학생과 군인 신분인 아들들이 상주를 했다. 그들은 의연하게 상주로서의 역할을 수행했다. 대견스럽고 기특했다. 듬직하던 맏 상주는 입관 때 눈물을 짓더니, 육신이 없어지는 화장 때 "아빠, 편한 세상으로 가세요. 저희 걱정은 하지 마세요. 잘 살게요. 그곳에서는 아프지 마세요."라며 오열했다. 장지에서 유골을 묻기 전에는 한참이나 유골함을 쓰다듬으며 눈물을 흘렸다.

두 아이가 어렸을 때부터 동네에서 자녀를 잘 키운다고 소문이 났던 집이다. 친구 부모들은 자기 자녀들이 그들과 같이 있다고 하면 "그 집은 자녀교육을 잘 하므로 걱정하지 않아도 된다."고 했단다. 세상을 떠난 이는 직접 아이들 운동화도 빨아주고 음식도 만들어주며 아이들을 살뜰하게 보살폈다.

부모의 사랑과 적절한 훈계로 자란 아이들에게는 친구들이 많았다. 맏 상주는 자그마한 체구이지만 학교에서 학과 회장, 동아리 회장 등 다양한 활동을 했다고 한다. 작은아이 또한 친구들에게 연예인 수준으로 인기가 많다고 한다. 일찍 떠난 부친상인데도 상주 노릇을 하는 아이들의 손님이 끊이지 않고 왔다. 농작물이 좋은 영양을 먹어야 잘 자라듯이 아이들은 부모의 사랑을 받아야 바르게 자란다.

사회적 관계 기술은 생후 7개월부터 나타난다. 정신분석학자 김정일 교수는 『어떻게 태어난 인생인데』에서 자신의 딸아이 교육에 관해 얘기했다. 아이가 한 발 두 발 걷고 한두 마디 말을 할 때부터 신경 썼던 것은 "고맙습니다." "감사합니다." 등의 인사를 하게 하는 사회성 교육이었다고 한다. 정신과 의사로서 수많은 사람을 상담하고 치료하였는데, 감사하는 마음이 없는 사람이 불행하게 살아가고 있더란다. 그래서 아이 교육은 다른 것보다 사회성 교육에 초점을 맞췄다는 것이다. 이처럼 아이들에게 친구와 나누기, 양보하기 등의 사회적인 행동을 경험하게 하고, 부모가 모델을 보이면 아이는 사회성을 지닌 사람으로 자라게 된다.

제3장

아이와 함께 좋은 부모자식

관계를 만들어 가기 위해서는

긍정적인 마음으로
관심을 갖고
먼저 다가가요

현대사의 아픈 굴곡을 지닌 채 살아가시는 S지역의 어르신 세 분을 만나 작은 책자를 만들었다는 미술작가의 이야기를 들었다. 작업 기간은 6개월 정도 소요되었는데, 그중 2개월은 관계 맺는 데에 시간을 보냈다고 한다. 전체 기간 3분의 1을 안마도 해드리고 좋아하는 빵도 사다드리면서 마음을 트는 데 보낸 것이다.

경기도 어린이집 원장과 보육교사를 대상으로 하는 영아심화과정 강의를 했다. 귀가하기 전에 한 교사가 상담을 요청해왔다. 만 2세반 담임인데, 한 아이가 책상 위를 자주 올라간다며 어떻게 지도해야 할지를 묻는다.

나는 등원시간에 그 아이에게 각별히 진심어린 관심을 갖고 맞이해보라고 했다. 아이가 선생님을 처음 만나는 시간이 등원시간이기 때문에, 이 시간을 잘 활용하는 것이 중요하다. 도쿄에서 유학할 때, 유치원과 어린이집 실습을 하는 동안 만났던 등원시간의 교사들의 모습이 떠올랐다. 아이들의 눈높이에 맞춰 무릎을 꿇고 앉아 한 명 한 명 아이들을 정성껏 맞이하는 모습이었다.

조언을 듣고자 하는 교사에게 무엇보다 아이가 선생님이 자신을 사랑한다는 것을 느껴야 한다는 점을 강조했다. 그러자 교사는 아이의 부모가 지니고 있는 태도에도 이해하기 어려운 점이 있어 관계가 어렵다는 점을 호소하며, "사실 그 아이에게 마음이 안 가요."라고 했다. 물론 교사가 모든 아이들에게 마음을 쏟기는 쉽지 않을 것이다. 그러나 아이들은 선생님이 자신을 좋아하는지 그렇지 않은지를 다 알고 있다. 선생님이 자신을 좋아하지 않는다는 것을 알고 있는 그 아이는 교사와 게임을 하고 있는 것이다. 아이가 자신을 좋아하지 않는 선생님의 말을 잘 들을까?

나 또한 강의를 하다 보니 모든 학생이 수업을 잘 듣고 있진 않다는 것을 알고 있다. 그럴 때는 딴청을 피우는 학생에게 다가가 말을 건네는 행동 등으로 관심을 가져준다. 또 한편으로는 하워드 가드너의 다중지능 관점으로 바라본다. "저 학생은 공부에는 별 관심이 없지만, 잘하는 다른 것이 있을 것이다."라고 나 스스로에게 말을 걸며 그 학생을 긍정적인 눈으로 보려 한다.

20개월 때 열병으로 보지 못하고 듣지 못하고 말하지 못했던 헬렌 켈러를 지도한 선생인 앤 설리번도 관계 맺기를 먼저 했다. 설리번이 만 7세인 헬렌 켈러를 처음 만났을 때, 아이는 난폭했다. 설리번은 부모의 양해를 얻어 2주간 별채에서 둘이서 지내며 관계 맺기를 했다. 처음에 헬렌은 설리번과 함께 자기를 거부했지만 나중에는 함께 잔다.

세계적으로 권위 있는 소아정신과 의사들이 주목하고 있는 대상관계 이론에서도 관계 맺기가 중요하다고 본다. 부모나 교사는 아이에게 말로 지도하기 전에 관계 맺기가 우선임을 알아야 한다. 이는 우리가 세상을 살아가는 이치이기도 하다.

충고하고
평가하기보단
공감하고 이해해주세요

　교토에 있는 대학에서 한국문화와 한국어를 가르치고 있는 친구가 방학을 맞아 잠깐 오겠다고 연락이 왔다. 공항으로 나올 수 있으면 그곳에서 만나자고 한다. 같이 시내로 이동하며 더 많은 대화를 나누자는 것이었다. 나도 마침 시간이 되어 흔쾌히 그리하겠다고 했다. 속이 좋지 않아 기내 식사를 못했다는 친구는 국물이 있는 음식을 먹고 싶다고 했다. 공항 근처에 있는 칼국수 집에 들어가 곁들여 나온 만두와 함께 맛있게 먹었다. 서울 시내로 이동하며 서로 근황을 풀어놓았다. 문득 친구가 묻는다. "네 마음이 어때?"

　지금까지 국내에서 인기를 끌고 있는 상담 관련 책이 있다. 정신과 의

사이자 '거리의 심리학자'로도 잘 알려진 정혜신 박사가 쓴 『당신이 옳다』이다. '당신이 옳다'는 말 속에는 누군가 어떤 생각을 하고 있으며 어떤 행동을 하고 있든 거기에는 그 사람 나름의 이유가 있다는 뜻이라 보인다. 라디오에서 나오는 이 책의 광고에서, 저자는 함께하는 사람에게 마음이 어떤지를 물어보라고 한다. 친구는 이 말을 듣다가 내 생각이 나더라고 했다.

정 박사는 상대의 마음을 물어보는 것이 심리적 심폐술, 즉 위기 상황에서 사람을 구할 수 있는 방법이라고 한다. 어느 날 강의 중에 옆에 앉은 사람과 서로 얼굴을 보고 "마음이 어떠세요?"라고 물어보라고 한 다음, 소감을 물었더니 그 말 한마디가 마음을 편안하게 해준다고 했다. 정 박사는 또 '충조판평', 즉 충고, 조언, 판단, 평가는 절대 하지 말라고도 했다. 대부분의 사람들은 누군가와 얘기를 나누다 보면 충고하고 조언하고 마음속으로는 판단하고 평가한다. 나 역시도 그렇다. 가까운 사람일수록 더 그런 경향이 있다. 부모도 자녀와의 관계에서 더욱 그렇다. 상대의 마음이 어떤지를 물을 것과 '충조판평'을 하지 말라는 상담가의 권유를 새겨들을 일이다.

아이가
가장 원하는 것은
부모의 사랑입니다

"어린이집 방학 때에도 그냥 보내고 싶어요. 집에서 아이 보기가 힘들어요."

서울의 K구에서 민간어린이집을 운영하는 원장에게 어떤 엄마가 한 말이다. 원장은 그렇게 되면 당직 선생을 담임으로 교체해야 하고 식사를 준비해야 하니 자신도 나와야 한다고 했단다. 처음에는 그래도 어린이집에 보낼 태세였다가, 다른 아이들은 한 명도 없고 그 아이 혼자 나오게 된다고 하니 그때서야 집에서 보겠다고 했단다. 그 엄마는 직장을 다니지 않고 있다. 물론 집에서 아이 돌보랴 가사 노동하랴 힘이 들 것이다.

그렇지만 아이의 입장도 생각해보자. 다른 친구들이 아무도 없는 어린이집에서 선생님과 둘이서만 보내야 한다. 아이의 마음은 어떨까? 선생님의 사랑을 독차지한다고 좋아할까? 결코 그렇지 않을 것이다. 또래가 없는 어린이집은 아이에게 재미가 없을 테고, 혼자라서 슬프다는 감정이 생길 수도 있다.

아이는 누구의 사랑을 가장 받고 싶겠는가? 바로 부모이다. 아이는 그런 존재로 태어났다. 같은 포유류인 송아지는 태어나자마자 혼자서 걸을 수 있는데, 왜 사람의 아이는 약 1년이라는 기간을 누워서 지내야 할까? 누군가의 보호와 사랑을 절대적으로 받아야 건강하게 자랄 수 있기에 그렇게 태어난 거라고 생각한다. 엄마가 안아주고 먹여주고 눈을 마주쳐주고 말을 건네주는 것을 통해 아이는 애착이 형성되고 언어를 배워가는 것이다.

도쿄 유학 중에 들었던 유아심리 강의에서 교수가 학생들에게 다음과 같이 질문한 적이 있다. "귀엽지 않은 신생아를 본 적이 있는가? 왜 아이들은 귀엽게 태어났을까?"라고 말이다. 교수는 "아이가 귀엽게 태어난 것은 생득적 능력이다. 귀엽기 때문에 주변 사람들이 더 쉽게 안아주고 눈을 마주쳐주고 말을 걸어준다. 그러한 상호작용을 통해 아이는 발달해간다."고 했다. 부모는 아이에게 밀도 있게 상호작용을 주고받아야 한다. 아이가 가장 원하는 사람은 부모이기 때문이다.

대상관계이론에서는 태어나서 3개월부터 주변과의 관계가 중요하다고 본다. 그렇기에 이 시기 부모의 사랑은 온전해야 한다. 아이 마음속이 사랑받는다는 느낌으로 꽉 차야 한다는 것이다. 빈틈이 생기면 아이 발달에 부정적인 영향을 끼친다. 물론 부모도 인간인지라 완벽할 수는 없다. 그러나 부모의 사랑을 절대적으로 원하는 이 시기는 부모도 노력해야만 한다. 그 사랑으로 아이는 건강하게 자랄 수 있고, 이후의 사춘기도 덜 힘들게 보낼 수 있게 된다.

영유아기 때
부모가 남긴
마음의 상처는

나는 어느 과목을 맡든 간에 학기 초 첫 2주까지는 유아교육을 공부하는 학부생이나 대학원생들에게 가장 먼저 영유아기의 의미와 중요성에 대해 강의한다. 그중에서도 특별히 생애발달학적 관점과 임상학적 관점을 중요시한다. 전 생애발달을 놓고 영유아기가 어떤 의미가 있는지 연구하는 사람들, 그리고 마음의 상처를 지닌 사람들을 상담하고 치료하는 사람들이 왜 영유아기가 중요하다고 하는지를 얘기한다.

'아동 권리와 복지' 과목을 듣는 학생들에게도 세 시간 강의 중 두 시간 동안 같은 내용을 먼저 설명했다. 강의가 끝나자 한 학생이 강단에 서 있는 나에게 다가온다. 유아교육을 전공하고 있는 대학 3학년이다. 강의를 듣다 보니 영유아기 기억은 잘 나지 않는데, 청소년기부터 지금까지 엄마와 전혀 소통이 안 된다면서 고민을 털어놓는다. 엄마와 같이 상담소를 찾아가고 싶다고 하기에 현재 거주하고 있는 지역의 공적 기관을 활용해 상담할 수 있는 방법을 알려줬다. 또 엄마가 힘든 일이 있을 것이므로 들어주라고 조언했다.

내가 만일 이 학생의 상담을 하게 된다면 두 가지 관점에서 접근할 것 같다. 먼저 한 가지는 이 학생의 영유아기와 엄마와의 관계 탐색이고, 또 하나는 엄마의 어린 시절 친정엄마, 즉 외할머니와의 관계 탐색이다. 어린 시절에 미해결된 과제인 충분한 사랑을 받았다는 믿음과 확신의 부재가 두 사람 모두에게 있을 것이다.

엄마와의 소통을 원하는 학생을 보고 마음이 짠하고 대견스럽게 느껴진다. 엄마가 자녀를 아프게 하고 있었다.

부모는 아이에게
부드럽고 따뜻한
날씨여야 합니다

어린이집에 새 학기 오리엔테이션을 겸한 부모 교육을 다녀왔다. 오리엔테이션이라 아이들과 부모가 자리를 같이 했다. 부모라 해도 전원이 엄마였다. 아빠들이 오지 않고 엄마들만 온 것은 아이들이 어린 까닭도 있으리라. 원장의 배려로 졸저 『아이가 보내는 신호들』에 "안정애착 꼭 해주세요."라고 써서 전했다.

시간이 많지 않아 애착에 대해서만 얘기했다. 참석한 엄마들에게 질문지에 아이를 양육할 때 힘든 점을 써달라고 했다. 그러자 대부분이 형제 간 다툼, 식사습관, 잠을 자지 않는 것 등이 어렵다고 했다. 그에 대해 언급한 후 "아이가 어머니를 날씨로 비유하면 어떤 날씨로 느낄 것 같아요?"라고 물었다. 대답은 흐림, 그때그때 다름 등이었는데, 흐린 날씨가 가장 많았다.

아이들의 성격 발달과정에서 12개월 이내의 생애 초기가 중요하다고 보는 대상관계이론은 '부모는 아이에게 부드럽고 따뜻한 날씨여야 한다.'고 강조한다. 성격 형성에서 무엇보다 중요한 것은 양육자에 대한 아이의 정서적 느낌이기 때문이다. 아이가 부모의 양육태도를 흐린 날씨처럼 차갑게 느끼게 되면, 무의식 속에 아이는 자신의 감정을 다 드러내지 않고 억압하게 된다. 임상심리학자들은 이 억압이 나중에 성인이 된 뒤 정신 병리로 이어진다고 본다.

부모가 아이를 늘 부드럽고 따뜻하게 대하기가 쉽지만은 않을 것이다. 그러나 성격 발달이 이루어지는 이 시기는 인내하며 부모의 태도, 분위기, 표정, 목소리 등을 아이가 부드럽고 따스하게 느끼게 해야 한다.

다시 한번
아이를
진심으로 길러보자

밤 10시, 어린이집에 근무하는 보육교사를 대상으로 하는 1급 승급 교육 강의가 끝났다. 강의실에 남아 컴퓨터 자료를 정리하고 있는데 한 교사가 다가온다. 아들이 9세란다. 아이가 어렸을 때, 강의에서 배운 안정 애착 형성을 전혀 신경 쓰지 못했다고 고백한다. 그래서인지 아이가 요즈음 공격적이고 성격도 다루기 힘들다고 한다.

보육교사의 용기와 의지에 박수를 보낸다. 보육교사 입장에서 자신의 잘못된 양육과 자녀에 대한 것을 있는 그대로 이야기하는 것은 쉬운 일이 아니다. 자신의 잘못도 인정하고 아들도 다시 잘 키우고 싶다는 의지를 보여주고 있다.

영유아기는 모든 영역의 발달이 중요한 시기이다. 이 시기의 부모는 인지적으로 무언가 가르치려 들기보다는 부드럽고 따뜻한 날씨와 같은 존재가 되어야 한다. 교사도 이런 것을 잘 모르고 강압적으로 아이를 대했다고 한다.

9세 아이지만 훨씬 어린 영아기의 아이로 생각하고 애착 형성을 위한 재양육을 해야 한다. 스킨십과 즉각적인 반응, 민감한 반응, 아이가 상대의 기분을 알아차릴 수 있는 안정감 등이 중요하다. 상담에서는 그 시절에 해주었어야 할 분량의 100배 정도를 해주어야 어느 정도 나아질 수 있다고 본다. 아이에게 제대로 된 재양육을 경험하게 해주자.

부모의 어긋난 사랑은
자녀를
바보로 만듭니다

　내가 맡은 강의 중에 '인간의 심리적 이해'라는 과목이 있었다. 35여 명의 의료 관련 학과 학생들이 교양으로 듣는 수업이었다. 인간을 이해하기 위한 심리학적 주제로 매주 발표와 강의를 진행했다.

　기말고사 전 마지막 주에는 수강생 전원이 "나는 누구인가?"라는 내용으로 발표를 했다. 대학생들이 자기 스스로를 들여다볼 수 있도록 하기 위해 내준 과제였다. 각자 성격 검사나 적성 검사, 지능 검사, 진로 검사 등을 통해서 자신을 알려고 노력한 내용을 발표했다. 어느 학생들은 특별한 검사 없이 어린 시절부터 지금까지의 자신의 역사를 더듬어 보기도 했다.

한 남학생이 자신에 대해 말했다. "어렸을 때 저희 부모님은 바빠서, 저를 아이 키우는 사람에게 돌보게 했습니다. 태어서부터 5살까지 그렇게 자랐습니다. 5살부터 7살까지는 미국으로 혼자 보내졌습니다. 친척이 있었지만 저는 거의 혼자였습니다. 이후 한국에 와서 저는 우리말을 잘 못 했습니다. 그런 저를 친구들은 바보라고 했습니다. 어려서부터 부모님과 같이 자라지 않아서 부모님과의 관계가 좋지 않습니다. 자취를 하고 있는데 아버지와는 전화 통화하는 것조차 쉽지 않습니다."

이 학생은 어린 시절 부모의 사랑을 듬뿍 받아야 할 시기에 다른 사람의 손에 길러졌다. 부모는 경제활동으로 바빴다. 그 경제활동을 통해 부모는 아이를 2년 간 외국으로 보냈다. 그러나 그렇게 자란 아이는 부모와 관계가 원만하지 못할 뿐만 아니라, 부모의 사랑을 느끼지 못하고 있다.

얼마나 잘못된 양육인가. 지금도 비슷한 상황들이 벌어지고 있다. 아이 발달에 중요한 시기에 부모는 돈을 벌며 아이를 잘 기르겠다고 다른 사람들에게 온종일 맡기기도 한다. 정작 아이는 부모의 사랑을 느끼지 못한 채 자란다. 이런 아이가 건강하게 자랄 거라고 보장하기 어렵다. 부모가 한번 더 숙고할 필요가 있다. 무엇이 더 중요한가. 아이는 기다려주지 않는다. 아이 발달에 중요한 시기에는 양육에 가장 많은 시간과 마음을 들여야 한다. 그 사랑으로 아이는 건강하게 자란다.

아이 때
충분히 받지 못한 사랑,
아직도 기억하고 있어요

"엄마 아빠 두 분 다 직장생활로 바빠서, 갓난아이 때부터 7살 정도까지 할머니가 키워주셨어요. 지금은 엄마가 잘해주려고 해도 그 사랑을 다 믿을 수 없는 것 같아요. 그래서 어렸을 때 사랑받는 것이 중요하다는 생각을 갖고 있어요."

인간 발달에 관한 강의시간이었다. 정신분석학자 프로이트와 에릭슨 발달이론에 관해 발제를 맡은 대학생이 한 말이다. 이후 이 학생에게는 여섯 살 터울의 남동생이 태어났고, 그때부터 부모님과 같이 살았다고 했다. 학교에 다녀오면 엄마가 집에 있어 기쁜 마음에 큰 목소리로 "다녀왔습니다."라고 인사를 했는데, 그때마다 엄마는 잠자고 있는 동생이

깬다고 큰 소리를 내지 못하게 했단다. 자신도 사랑을 받고 싶어 엄마의 관심을 끌기 위해 동전을 훔치기도 했고, 아빠 면도칼로 손가락에 상처를 내서 피아노 연습을 하지 않기도 했단다.

이어서 그 학생은 고백했다. 충분히 사랑을 받았어야 했을 어린 시기에 엄마에게 보살핌을 받지 못해서인지 자상하게 누군가를 챙겨주지 못한다고, 그러다 보니 관계가 오래가지 못해 힘들다고 했다. 이와 같이 인생 초기 경험은 이후 성인기까지 영향을 준다.

정신과 의사로 잘 알려진 이시형 박사가 졸저 『아이가 보내는 신호들』에 추천사를 써주면서 가장 강조했던 단어는 '평생'이다. 이 박사는 오랫동안 정신 병리를 가진 성인들을 중심으로 상담을 했는데, 내담자가 가지고 있는 대부분의 문제는 어린 시기와 관련이 있더라는 사실을 발견했다. 이는 히스테리 증상 등 성인의 병리적 문제를 주로 다룬 프로이트도 강조했던 사실이다.

영유아기는 부모의 충분한 사랑을 받으며 자라야 한다. 그 사랑은 부모의 입장에서의 사랑이 아니라, 아이가 느끼는 사랑이어야 한다. 싫어하는 악기를 배우게 하거나, 가기 싫어하는 학원에 다니게 하는 것은 사랑이 아니다. 아이가 하고 싶은 것을 할 수 있도록 자유를 주는, 아이에게 갖는 진정한 관심이 사랑이다.

어린 시절
엄마와 먹었던 음식이
인스턴트뿐이라면?

어느 중학생이 한 얘기다. 엄마와 음식을 먹었던 추억이 인스턴트뿐이란다. 식당에서 가족 단위로 음식을 먹는 사람들을 보면 행복하지 못했던 어린 시절이 생각난다고 했다. 그래서 밖에 나가는 게 싫단다. 유아 때부터 엄마와 헤어져서 살다가 초등학교 1학년 때 엄마를 만났지만, 엄마를 보자마자 화를 내고 욕을 했다고 한다. 엄마에 대한 그리움이 그만큼 컸기 때문이리라. 엄마를 본 게 그때가 마지막이라고 했다.

아이가 어렸을 때 엄마에게 제대로 사랑받았다는 느낌이 없었다. 그 상처는 중학생이 된 지금도 지워지지 않았다. 그 상처가 너무 깊고 커서 아이는 아직도 마음에 분노가 많았다. 인간은 누구나 사랑받고 인정받기를 원한다. 가장 사랑받고 인정받고 싶은 대상은 부모이다. 아이가 어렸을 때 부모는 우주이자 절대자 같은 존재이다. 그 존재가 자신을 사랑해주지 않았다는 상처는 평생을 간다.

'재양육'이라는 말이 있다. 어린 시절 사랑받지 못했다는 느낌을 갖고 있는 사람을 다시 몸과 마음으로 보듬고 감싸주고 어루만져주는 것이다. 지금 중학생이 되었든 성인이든 마찬가지다. 다시 아이가 되었다고 생각하고 그 외롭게 쓸쓸한 마음을 가진 사람을 위로해주는 것이 재양육이다. 상담자가 그 역할을 해줄 수도 있지만, 사례에서 나오는 중학생처럼 아빠와 같이 산다면 아빠가 그 역할을 해주는 것이 가장 바람직하다. 아이도 엄마한테 받지 못한 사랑을 아빠에게 받고 싶다는 바람이 있다. 그 욕구를 채워주어야 한다.

아빠가 그 아이를 마음으로 대해주어야 한다. 아이를 환경의 피해자로 여겨야 한다. 어린 시절 부모의 사랑을 충분히 받았다면 엄마에게 화를 내고 욕하는 등의 행동을 하지 않았을 것이다. 아이를 문제아가 아니라 환경의 피해자로 받아들이는 아빠의 자각이 아이를 가장 안정되게 할 수 있다. 바쁘더라도 아이와 함께하는 시간을 늘려야 한다. 그리고 그 시간은 마음으로 아이에게 다가가는 시간이어야 한다. 그래야 아이가 건강해질 수 있다.

어린 시절의 상처가
하고 싶은 일을
바꾸기도 합니다

교양과목으로 '행복론' 강의를 맡은 적이 있다. 학생들과 함께 어떻게 하면 행복하게 살 수 있는지에 대해 각각의 주제로 생각을 나누는 시간이었다.

어느 주에 '성공 심리와 행복'이란 주제로 강의를 진행했다. 발표와 토론, 관련 영상 감상, 코멘트, 질의응답 등을 통해 각자 생각하는 성공의 정의에 대해 생각을 나누고, 성공의 조건에 대해서도 살펴보았다. 성공의 조건으로는 '하고 싶은 일', '사랑하는 사람', '친밀한 인간관계', '열정, 조화, 공감 등의 특별함'이 필요하다는 답변들이 나왔다. 그중 수강하는 학생들에게 '하고 싶은 일'에 대해 물어보았다.

한 남학생이 "아무도 없이 혼자 사는 외로운 사람들과 함께하고 싶어요."라고 대답한다. 그 학생은 어려서부터 할머니와 지냈다고 하는데, 그때 많이 외로웠나 보다. 그래서 인생에서 하고 싶은 일로 자신이 어렸을 때 경험했던 그 외로움을 다른 사람은 갖지 않았으면 하는 바람을 말하고 있다. 대학생이 되었지만 그 외로운 상처는 현재형으로 남아 있기에, 그 소망을 말하고 있는 것이다.

이렇게 어린 시기 상처는 평생 간다. 그러므로 아이들에게는 어떤 상처든 주어서는 안 된다. 정신분석학자 프로이트는 만 5세까지 경험한 것이 무의식을 만들며, 그 무의식이 우리 인간 행동의 근원이 되고 에너지가 된다고 했다. 부모는 부모의 사정이 있어서 아이를 외롭게 했겠지만, 그 아이는 이렇게 성장해서도 그 흔적을 고스란히 간직한 채 살아가고 있는 것이다.

아이가 건강하게
자라기 위해서라도
육아휴직 제도가
꼭 필요합니다

아침 8시 반. 아이들이 한 명 두 명 부모와 함께 어린이집에 온다. 엄마가 만 4세로 보이는 아이를 유아차에 태워 데리고 온다. 아이는 유아차에 편하게 누운 상태도 아니다. 옆으로 쭈그리고 누워 깊은 잠을 자고 있다. 어린이집 현관에서 엄마는 아이를 안아 담임선생에게 건넨다.

Y시에 보육실습 지도를 갔다가 본 광경이다. 보육실습 교사는 9시부터 근무다. 아침 출근 시간이라 도로 정체가 걱정되어 일찍 갔더니, 8시 반경에 도착하여 차 안에서 아이들이 등원하는 모습을 지켜보게 된 것이다. 아이는 깊은 잠에 빠져 있는 모습이었다. 아이가 안쓰럽게 생각되

었다. 이렇게 아이가 잠에서 덜 깼으면 충분히 재워야 한다. 그러나 엄마는 출근해야 하기에 잠자는 아이를 데리고 온 것이다. 엄마도 속상했을 것이다.

아이가 초등학교에 입학하기 전까지는 엄마가 더 많은 시간을 함께 보낼 수 있도록 했으면 한다. 취학 전 영유아를 둔 부모에 대해서는 직장을 쉬고 육아에 전념할 수 있게, 정부와 기업이 연계하여 제도를 운영하기 바란다. 물론 지금도 육아휴직 제도가 있다. 그러나 경력 단절, 육아휴직을 했을 때 동료가 자신의 일을 대신 하게 되는 부담감, 복직의 불확실성 등으로 육아휴직을 쉽게 갖지 못하고 있다.

영유아기는 아이 발달에 가장 중요한 시기이다. 아이가 심리적으로 가장 가깝게 여기는 엄마와 많은 시간을 보내도록 해야 한다. 그랬을 때 아이는 건강하게 자랄 가능성이 높다. 아이가 건강하게 잘 자라면 이는 아이 자신뿐만 아니라 부모, 가족, 사회, 더 나아가 인류에도 공헌하는 일이 될 것이다.

20대 중반의
딸아이가
집에만 있어요

어느 엄마가 마음을 털어놓는다. 20대 중반의 딸이 있는데, 집에서 주로 컴퓨터를 하며 밖으로는 거의 나오지 않는다. 엄마는 딸아이가 혼자 있어도 된다고 생각하지만, 혼자서도 살아갈 수 있게 활동을 했으면 한다. 엄마는 자신의 마음을 추스르고 싶어 일주일에 한 번씩 관련 모임에 나가고 있다.

엄마에게 딸아이가 어렸을 때의 양육환경을 물었다. 엄마가 전문직에 종사하고 있어 10개월까지 친척이 돌봐주었고, 주말과 방학 때는 엄마가 돌봤다고 한다. 아이의 어린 시절 양육이 지금까지 영향을 미친다고 볼 수 있다. 엄마는 어린아이가 뭐를 알았을까, 라고 했지만 영아도 다 알고 있다. 주말과 방학 때만 함께하는 엄마를 아이는 얼마나 기다렸을까. 딸아이는 어려서부터 주로 혼자 놀았다고 한다. 이는 아이가 자신이 다 받아들여지지 않는다고 생각할 때 나타나는 행동이다. 10개월간의 양육환경 외에도 부모의 태도가 영향을 미치고 있으리라 본다.

이 엄마는 자신의 엄마와도 관계가 힘들다고 한다. 이를 먼저 풀라고 했다. 친정엄마를 직접 만나 서운했던 일을 얘기하고 풀어내야 한다. 엄마로서 자신이 편해져야 아이에게 편하게 대할 수 있다. 엄마 안에는 어린 시절 상처받은 나, 화가 난 나, 슬픈 나 등 내면의 아이가 자리 잡고 있다. 이 내면의 아이를 다독여줘야 비로소 편해진다. 어린 시절 내면의 아이가 만들어질 때 영향을 미친 사람을 만나서 풀어야 한다. 직접 만나기 어렵다면 말이나 글로 풀어야 한다.

집에서 나오지 않는 딸아이는 재양육을 해야 한다. 다 큰 아이지만 다시 애착이 형성되는 시기인 갓난아이라 생각해야 한다. 자주 스킨십을 해주고, 원하고 바라는 것이 무엇인지 파악해서 들어주고, 마음을 편하게 해줘야 한다. 어린 시기보다 100배 정도를 더 노력해야 한다. 그래야 완전하지는 않아도 아이가 어느 정도는 사랑의 확신을 가질 수 있다. 그때 비로소 딸아이는 마음을 열고 조금씩 밖으로 나오기 시작할 것이다.

열 살 된 둘째 아이와
다시 애착을
형성할 수 있을까요?

  어린이집 교사가 쉬는 시간에 다음 강의 준비를 하는 나에게 상담 요청을 했다. '행복의 조건, 애착'에 관한 영상을 보고 난 후다. 시간이 길어질 것 같아 교수실로 가자고 하여, 둘이서 대각선으로 마주 보고 앉았다.

  "아들만 셋 두었어요. 첫째는 충분히 사랑을 준 것 같은데, 둘째 아이에게는 그렇게 하지 못했어요. 어려서부터 강압적으로 한 것 같아요. 지금 열 살인데, 지금도 엄마와 자고 싶어 해요. 학교에서는 친구관계가 좋지 못해요. 늘 칭찬받고 싶어 하고 자신감이 없어 보여요." 엄마인 교사는 눈물을 보인다.

애착이 중요하다는 것을 깨달았는데, 그 시기에 제대로 잘 해주지 못한 것에 대한 회한이 든 것이다. 내 아이는 벌써 애착 형성의 중요한 시기를 놓쳤는데 어떻게 하면 좋을지 묻는다. 상담학에서는 '재양육의 경험'이라는 말을 사용한다. 즉 영아기에 제대로 애착을 형성해주지 못했다고 생각된다면 지금 다시 해주어야 한다는 것이다. 단 영아기의 100배 정도로 애착 형성을 해야 한다. 아이를 안아주는 등의 스킨십을 해주면서 접촉을 하고, 아이의 요구에 즉각적으로 반응하고, 아이가 원하는 것을 잘 파악해주고, 아이의 감정을 잘 알아채야 한다.

교사인 엄마에게는 둘째 아이와 특별한 시간을 갖도록 했다. 둘만의 여행도 권했다. 아이가 엄마의 사랑을 충분히 느껴야 한다. 그 이전에 엄마도 재양육을 경험해서 스스로 편안해질 필요가 있다. 자신의 엄마가 살아계신다면 친정엄마와 그 시간을 갖고, 그럴 상황이 아니라면 자신의 얘기를 받아줄 누군가와 터놓고 얘기하는 시간을 가지면 좋다. 내 안에 있는 어린 시기의 나를 달래주어야 한다.

엄마 안에 있는 내면의 아이와 함께 엄마의 사랑을 필요로 하는 아이 안에 있을 내면의 아이도 달래주어야 한다. 내면의 아이가 화가 나 있거나 슬픈 상태라면 지금의 나도 화가 나 있거나 슬픈 상태다. 어린 시기의 나를 사랑해주자.

아이가
엄마를 만나도
시무룩합니다

 유아교육과 학생이 강의 후 상담을 요청했다. 어린이집 교사로 근무하다 유아교육을 다시 공부하고 싶어 대학에 들어왔다는 학생이다. 아이는 유치원에 맡긴 뒤 공부하러 학교에 오고, 수업이 끝나는 대로 가능하면 빨리 아이를 데리러 간다고 한다. 그런데 아이는 고개를 숙이고 힘없이 엄마를 맞는다. 때로는 "왜 왔어?"라고도 한단다. 엄마가 학교에 다니기 시작한 뒤 부쩍 이런 모습을 보이고 있다고 한다.

 아이는 엄마와 더 많은 시간을 보내고 싶고, 더 많이 사랑받고 싶다는 신호를 보내고 있다. 이 시기의 아이에게 엄마라는 존재는 절대적이다. 우주와 같다. 그런 엄마가 공부한다고, 또는 바쁘다고 자신과 시간을 적게 보내고 자신의 요구에 민감하게 반응해주지 못하고 있다는 것을 아이도 느끼고 있다.

내가 대학을 다니던 때다. 명절 때 바쁘다는 이유로 고향에 내려가지 못했다. 그때 엄마는 당신의 가슴을 가리키며 나에게 말했다. "네가 오지 않으면, 이곳이 텅 빈 것 같다." 다른 사람들이 다녀가고 다섯이나 되는 아들들이 오더라도 하나뿐인 딸자식이 오지 않으니 가슴이 채워지지 않았던 것이다. 누구나 사랑해본 경험이 있다. 혹은 지금 사랑하고 있기도 할 것이다. 그 상황을 생각해보자. 내 마음의 가장 많은 부분을 차지하고 있는 사람이 나를 채워주지 않으면 가슴은 허하다.

상담을 요청한 만학도의 아이는 유아이다. 엄마의 사랑을 더 많이 받고 싶은 시기다. 엄마는 공부하느라 바쁘고, 하원 시간을 맞추기도 어려울 것이다. 그럼에도 최대한 노력을 해야 한다.

무엇보다 중요한 것은 아이가 엄마의 사랑을 느껴야 한다는 것이다. 그러려면 귀가 후 아이와 충분히 스킨십도 하고, 마트에도 같이 다니며 식사 준비도 같이 하는 등 최대한 아이와 시간을 보내며 밀도 있는 상호작용을 해야 한다. 엄마의 사랑이 채워지지 않는 한 아이는 사랑을 더 달라는 신호를 멈추지 않는다.

학원에 가야 해서
엄마 아빠와
밥 먹을 시간도 없어요

"엄마 아빠와 밥 먹을 시간도 없어요. 학원에 가야 하거든요."

초등학생이 한 말이다. 초등학교에 교육실습을 갔다 온 학생이 아이들에게 들었던 말을 전해줬다. 졸업을 앞둔 대학 4학년 학생들과 교직 과목을 수업하던 중 나온 요즈음 아이들 생활 사례다. 초등학교 1학년과 4학년에 있다 왔는데, 4학년뿐만 아니라 1학년 아이들도 상황이 똑같더란다.

아이들이 국어, 영어, 수학 학원은 기본이고 한자, 미술, 음악, 체육 학원 등 보통 7개 정도의 학원을 다니고 있다고 했다. 초등학생이 방과 후

각 학원을 다니다 보면 가족들과 밥 먹을 시간도, 이야기를 나눌 시간도 없다고 하소연을 하더란다. 교육실습에서 만난 대부분의 아이들이 비슷한 상황이더란다.

이렇게 아이들이 어릴 때부터 학원으로 내몰리는 이유는 우리나라가 학벌 중심 사회이기 때문이다. 부모들은 소위 좋은 대학을 나와야 내 자식이 좋은 회사에 취업하거나 전문직이 되어 안정적으로 살 수 있다고 생각한다. 그러기 위해서 어린 시기부터 교육에 투자를 해야 한다고 여긴다. 학습에 관련된 학원뿐 아니라 예체능도 미리 배워둬야 나중에 수행평가에 유리할 거라는 생각도 한다. 그러다 보니 아이들을 각종 학원에 보내어 배우게 하는 것이다.

이렇게 어려서부터 여러 학원을 전전한 아이들이 과연 자기 주도적 학습을 할 수 있을까? 창의적인 사고가 가능할까? 부모는 방향을 제시하고 환경을 만들어주는 데에만 그치고, 아이들 스스로 배우도록 해야 한다. 교육이란 결국 사고력을 키워주는 것이라 볼 수 있는데, 이와 같이 학원을 몇 개씩이나 다니는 아이에게는 창의적인 사고력 발달을 기대하기 어렵다.

이런 문제를 개선하기 위해서는 기업의 인사 채용 방식을 학력 중심이 아닌 능력 중심으로 바꿔야 한다. 또 부모도 교육의 초점을 자신의 체면을 내세우는 데에 두는 것이 아니라, 내 아이의 행복에 두어야 한다. 엄마 아빠와 밥 먹을 시간도 없다고 하소연하는 아이가 행복할 수 있을까?

제4장

아이가 자신을 긍정적으로
생각할 수 있도록

아이가
지니고 있는 능력을
믿어주세요

　이 세상에 태어난 아이들은 이미 무한한 가능성과 잠재력을 가지고 있다. 그것을 끌어내 주는 것은 환경이다. 환경은 크게 물적 환경과 인적 환경으로 나뉜다. 물적 환경으로는 공간과 교재·교구가 있고, 인적 환경으로는 부모와 교사, 또래 등이 있다. 고대의 소크라테스는 제자들이 각자 가지고 있는 탁월함을 믿었다. 그래서 그는 뭔가를 가르치는 대신에 질문을 통해 제자들의 능력을 끌어내는 대화법을 사용했는데 이것을 '산파술'이라 한다. 출산 시 산파가 아이를 밖으로 끌어내듯이 개인이 가지고 있는 능력과 가능성을 끌어내는 방법이다. '교육'을 가리키는 영단어의 어원이기도 하다. 교육은 밖에서 안으로 집어넣는 것이 아니라, 안에 있는 것을 밖으로 끌어내는 것이라는 의미를 담고 있다.

교육방송에서 방영한 〈아기 성장 보고서-아기는 과학자로 태어난다〉라는 프로그램 중에 아이들이 가지고 태어난 능력을 알아보는 실험이 있다. 아이는 칸막이가 있는 침대 안에 있고, 침대 밖 얇은 이불 위에 인형이 놓여 있다. 이불은 아이 손에 닿지만 인형은 닿지 않는다. 한참 동안 생각하던 아이는 이불을 자기 쪽으로 끌어당긴다. 그러자 인형도 따라온다. 가까이 온 인형을 잡아 든 아이의 얼굴은 자신감과 만족감으로 가득했다. 불과 12개월 된 아이이다. 하버드대학의 브레질톤 명예교수는 영아 발달 검사법 중 하나인 '브레질톤 검사법'을 고안한 영아 발달의 세계적 권위자이다. 그는 아이 발달에서 가장 중요한 것은 "어떤 것을 자기 스스로 달성하고 나서 '내가 해냈구나!'라고 생각하는 내적 피드백(만족감)이다."라고 했다.

어느 날, 집 근처 우체국에 갔다가 본 장면이 있다. 네 살 정도로 보이는 남자아이 옆에 작은 손가방이 놓여 있었다. 아이가 일어나 잠깐 걷다 뒤돌아보더니 다시 가방이 놓여 있는 자리로 돌아간다. 그러더니 가방을 들고 어디론가 간다. 엄마가 아이에게 자신의 손가방을 맡기고 종이박스에 테이프를 붙이고 있었다. 가방 안에는 엄마의 지갑이나 휴대전화가 들어 있었을 것이다. 대부분의 어른들은 아이가 엄마가 맡겨 놓은 가방을 잘 지키기보다는 돌아다니며 가방에는 신경을 쓰지 않으리라 생각할 터이다. 그러나 아이도 자신에게 맡겨진 가방을 잘 지켜야 한다는 생각을 갖고 있었던 것이다. 아이의 행동을 나는 흐뭇한 표정으로 지켜보았다.

스스로 생각해서 인형을 갖게 된 아이, 엄마의 가방을 잘 지킨 아이의 심리를 생각해보자. 아이는 '내가 해냈구나.' '나는 할 수 있어.' '내가 엄마 가방을 잘 지켰어.' 등의 자신감과 만족감을 가질 수 있을 터이다. 이러한 경험이 쌓여서 자신을 긍정적으로 생각하는 자아존중감이 형성된다. 또 어떤 상황에서도 다시 일어설 수 있는 회복탄력성이 발달된다. 회복탄력성은 넘어지지 않는 힘이 아니라, 넘어지더라도 다시 일어설 수 있는 힘을 의미한다. 부모나 교사는 실수나 실패를 하더라도 '괜찮아.' 하며 다시 일어날 수 있는 힘이 이렇게 어렸을 때의 작은 경험에서 시작된다는 것을 기억해야 한다.

누군가 가르쳐줘야 아이들이 발달하는 것이 아니다. 이미 가지고 태어난 인지 능력으로 주어진 환경과 상호작용을 하면서 성장하고 발달한다. 아이들이 스스로 생각하고 행동할 수 있도록 여유를 갖고 기다려주자. 최명희 작가는 『혼불』 서문에 "기다리는 것도 일이니라. 반개半開한 꽃봉오리 억지로 피우려고 화덕을 들이대랴. 손으로 벌리랴. 순리가 있는 것을."이라고 했다. 기다리는 것은 시간을 낭비하는 것이 아니다. 이것도 하나의 과정이다. 아이가 스스로 생각해서 할 때까지 기다려주고, 사소한 것일지라도 해냈을 때엔 진심 어린 칭찬을 해주자.

부모가 먼저
행복하고 괜찮은 사람이
되어야 합니다

　각 지역에 부모 교육을 다닌다. 주로 영유아를 둔 부모들을 대상으로 하고 있지만 초등학생이나 청소년, 성인 자녀를 둔 부모도 있다. 짧으면 한 시간, 길면 한 시간 반이나 두 시간 동안 강의를 한다. 참석한 부모들에게는 '아이의 신경 쓰이는 행동'에 대한 8개 항목의 질문지를 작성하게 한다. 이후 질문지에 나타난 아이들이 보내는 신호의 의미를 근거를 들어 설명하고, 해결법을 제시해준다. 또한 상담심리사로서 부모의 어린 시절 양육 경험으로 형성된 '내면의 아이' 탐색도 해준다. 어린 시절에 있었던 일을 떠올리게 한 후 지금 자신의 감정 상태를 묻는 방식으로 진행된다. 그때 많은 부모들이 기쁘고 행복한 긍정적 정서보다는 슬프고 화나고 무서웠다는 등의 부정적 정서를 이야기한다.

이런 부정적 정서는 프로이트가 말한 '개인의 경험에 의한 무의식 속의 정서'일 수도 있고, 구스타프 융이 말한 '집단의 무의식'일 수도 있다. 나는 개인의 무의식에도 주목하고 있지만 융이 말한 집단의 무의식에도 공감한다. 우리 민족이 걸어온 길을 보자. 얼마나 많은 외부의 침략을 받았는가. 같은 민족끼리 전쟁을 겪기도 했다. 절대적 가난의 시기인 60~70년대도 통과했다. 80년대 이후에는 상대적 빈곤의 시대를, 절대적 가난은 벗어났다고 할 수 있지만 정신이 가난한 시대를 살아가는 중이다.

윗세대들은 우리를 양육할 때 민감하게 반응하기 어려운 상황이었다. 그 양육의 경험이 지금의 우리를 만들었고, 우리가 또 다음 세대를 양육하고 있다. 윗세대는 양육에 대한 이론이나 대물림의 영향 등을 잘 모른 채 자식을 길렀다. 하지만 지금 부모 교육을 받는, 나름 공부를 한 지금의 부모세대에서 부정적 양육에 대한 경험을 끊어줄 필요가 있다고 본다. 이런 의미에서 현재 자녀를 양육하고 있는 부모의 내면의 아이 탐색과 분석은 중요하다. 부모가 자신의 양육 경험을 분석한 뒤 바꿔야 한다. 있었던 사실은 없앨 수 없지만, 생각은 바꿀 수 있다. 자신을 위로하고 나를 힘들게 했던 대상을 만나서 이해하거나 용서를 하고, 만날 수 없다면 편지 쓰기나 혼잣말 하기 등을 통해서라도 무의식에 억압되어 있는 부정의 정서를 풀어내야 한다.

부모가 평안하고 행복해야 내 아이가 건강하게 자랄 수 있다. 아이는 부모가 말하는 대로 자라지 않는다. 아이는 부모의 등을 보며 스펀지가 물을 흡수하듯 부모의 모든 것을 배우며 자란다. 부모가 먼저 멋진 생각을 하고 좋은 행동을 하는 괜찮은 사람이 되어야 한다.

부모의 사랑이 없으면
아이의 마음은
채워지지 않아요

　보육교사 직무 교육을 했다. 강의 후 쉬는 시간에 한 교사가 상담을 요청한다. 모두 돌아간 후 둘이 남아서 얘기를 나눴다. 상담을 요청한 보육교사는 동생 아이인 조카 때문에 걱정이라고 한다. 조카는 초등학교 1학년인데, 학교에서 선생님이 안 계시면 불안이 심해져 담임이 걱정된다고 했단다. 아이 엄마 아빠는 장사를 하고 있어서 학교가 끝나면 부모 대신 이모인 자신이 데리러 가는데, 조카는 이모가 오는 것에 대해 싫다는 반응을 보인다고 한다.

　이 아이가 보이는 두 가지 행동, 학교에서 담임선생이 없는 동안 불안해하고 이모가 데리러 가면 싫어하는 행동은 전형적인 불안정 애착 증상이다. 아이가 엄마 아빠의 사랑을 제대로 받고 있다는 믿음이 없기에 보이는 행동이다. 아이는 부모의 사랑을 가장 받고 싶어 한다. 다른 사람이 아무리 사랑해줘도 아이의 마음은 채워지지 않기에 보이는 증상이다.

　이런 얘기를 동생에게 하면서 돈을 버는 것보다 아이를 돌보는 데에 더 신경을 쓰라고 해도 듣지 않는다고 한다. 그게 불씨가 되어 동생네가 부부싸움을 하기도 한단다. 동생네는 돈은 많이 벌었다고 한다. 그러나 아이는 돈 버는 사이를 기다려주지 않는다. 지금 재양육을 제대로 하지 않으면 지금 번 돈은 아무 소용이 없어진다. 아이가 크면 더 큰 대가를 치러야 한다. 상담이 끝난 후 교사는 내 저서 『아이가 보내는 신호들』을 동생에게 선물하겠다며 사인해달라고 했다. 그 교사의 동생분이 책을 읽고 변화하기를 기대해본다.

위대하고 훌륭한
부모들에게
응원을

부모 교육이 있어 어느 지역에 갔다가, 그곳에 살고 있는 친정 조카에게 연락했더니 강연을 듣고 싶다고 했다. 주최 측에 얘기하니 열려 있는 부모 교육이니 괜찮다고 한다. 조카에게는 35개월과 10개월 딸이 있다. 조카와 조카사위 둘 다 직장을 다니는데 조카는 일정 기간 육아휴직을 얻었단다. 큰아이는 어린이집에, 둘째는 문화센터에 갔다가 잠시 어린이집에 들러 언니와 두 시간 정도 놀다 온다.

부모 교육 시간은 주말 오전이었다. 조카는 둘째를 안고 강연장에 왔다. 큰아이는 아빠가 발레 학원에 데리고 갔단다. 강연 내내 아이가 칭얼대면 뒤로 나가 서 있거나 밖으로 나갔다가 다시 들어왔다. 나중에 들어보니 그래도 어느 정도 핵심을 잡았다고, 아이를 잘 키우려면 부모 자신이 먼저 행복하고 편안해져야 한다는 것을 알게 되었다고 한다.

강연 후 주최 측에서 손수 만든 음식으로 상을 차리면서 조카네 가족 몫까지 준비해줬다. 조카사위와 큰아이도 합류했다. 조카사위는 큰아이 밥 먹이느라 제대로 먹지 못했고, 조카는 둘째 아이 돌보느라 제대로 먹지 못했다. 정성껏 차려진 음식 맛을 제대로 느끼지 못한 듯해 안타까웠다. 다행히 두 사람은 아이들에게 화내거나 짜증을 내지 않고 요구를 들어주며 돌본다. 잠시 뒤 조카사위는 주말이지만 오후에는 직장에 나가야 한다면서 출근한다. 조카가 두 아이를 데리고 친정으로 간다. 거기 가서도 아이 둘을 돌보느라 제대로 쉬지 못했다. 저녁을 먹은 뒤 아이들을 데리고 자기네 집으로 갔다. 가면서 조카는 한 달에 두 번 쉬는 친정엄마에게 쉬는 날인 내일, 집으로 와서 아이들을 좀 돌봐달라고 한다. 조카도 엄마에게 미안하겠지만, 그러면서 이런 요청을 하는 것은 그만큼 힘들어서일 것이다.

조카와 조카사위가 육아에 애쓰는 것을 보고 우리네 부모들을 떠올려봤다. 한두 명도 아닌 대여섯 명의 자식들을 일하면서 키운 부모들. 그 수고로움에 대한 생각이 스쳐지나간다. 아이들은 잠시도 가만히 있지 않는다. 그 아이들의 요구를 들어주고, 아이들이 위험한 행동을 할 때마다 노심초사 신경 쓰는 부모들. 이미 당신들은 위대하고 훌륭하다. 힘내길 바란다.

부모가 아이를
낳은 것이 아니라,
아이가 부모를
선택한 것입니다

 S지역의 보육 업무를 총괄하는 육아종합지원센터에서 강연 의뢰가
왔다. 어린이집에 아이를 보내기 전의 부모가 대상이었다. 추운 날임에
도 많은 부모들이 참석했다. 주로 엄마들이었는데 할머니 한 분이 함께
했다. 아이를 맡기고 온 경우도 있었지만 대부분의 엄마들이 아이를 데
리고 와서 같이 강의를 들었다. 이 시기 아이들의 특성상 가만히 있지
않다 보니 엄마들이 강연장을 들어왔다 나갔다를 반복했다.

 인생 초기인 영아기의 의미와 그 중요성, 영아기의 발달과업과 발달
키워드, 부모는 어떤 역할을 해야 하는지 등을 얘기했다. 강연 중 부모

의 욕망을 아이에게 투영하지 않기 위해 관점을 전환할 것을 요청했다. 우리는 보통 부모가 아이를 낳았다고 생각하지만, 독일의 교육철학자 루돌프 슈타이너는 아이가 부모를 선택했다고 말한다. 아이 자신을 가장 잘 알고 잘 키워줄 사람을 부모로 선택한다고 본 것이다. 부모가 아이를 낳았다고 생각하면 부모는 자신의 욕망과 욕심을 아이에게 투영하게 된다. 반면에 아이가 자신을 부모로 선택했다고 생각한다면 신중하게 책임감을 갖고 양육에 임할 수 있게 된다. 이 내용을 들려주며 부모가 이런 관점을 갖자고 제안했다.

그 자리에서 혹시 슈타이너가 말한 것처럼, 아이가 부모를 선택했다고 생각하는 분은 손을 들어보라고 했더니 한 분이 손을 든다. 12개월 아들을 둔 엄마다. 부모를 대상으로 강연을 한 이후 처음 본 사례이다. 손을 든 엄마가 기를 아이의 미래가 벌써부터 궁금해진다.

인도네시아에서는
절대 왼손으로
아이의 머리를
만지지 않는답니다

약 5년 정도, 한 달에 한 번씩 다문화 가정을 찾았다. 결혼으로 이주한 여성을 만나 그들의 얘기를 듣고 이를 기사화해서 지역 신문에 기고했다. 그중에서 엄마가 인도네시아에서 시집 온 가정을 찾았다. 그녀의 남편도 자리를 함께했다. 그가 말하길, 인도네시아는 우리와 몇 가지 문화적 차이가 있는데 양육 문화도 마찬가지라며, 그중 한 가지 이야기를 들려준다. 인도네시아에서는 절대 왼손으로 아이의 머리를 만지지 않는다는 것이다. 왼손은 하찮은 일을 하는 손으로 여기는데, 그 손으로 아이의 머리를 만져서는 안 된단다. 이를 통해 인도네시아에서는 아이들을 얼마나 존중하는지를 알 수 있었다.

우리의 경우를 생각해보자. 하찮은 일을 하는 손이 따로 있는 것은 아니지만, 손은 이런저런 일을 한다. 걸레를 잡기도 하고, 지저분한 것을 만지기도 한다. 그 손으로 생각의 뿌리라 할 수 있는 머리에 손을 대서는 안 된다고 생각한다는 것이다.

아이를 함부로 해서는 안 된다. 좋은 생각으로 대하고, 좋은 일을 하는 손으로 만지고 돌봐야 한다. 아이는 존중받아 마땅한 존재이다.

부모의 욕망을
아이에게
투영시키지 마세요

어느 해 5월 말에, 신촌에서 대학모임 회원들을 만났다. 호주에서 직장생활을 하고 있는 회원이 한국에 왔다고 해서 마련한 자리였다. 회원들은 각 학과 학생회장을 했던 사람들이다 보니 전공이 모두 다르다. 저녁 식사 후 자리를 옮겨, 차를 마시며 자식 얘기들을 풀어 놓는다. 그러던 중 한 회원이 자식들에게 부모의 욕망을 투영하고 있음을 고백한다. 이는 그 회원만의 얘기가 아니다. 대부분의 한국 부모가 이럴 것이다.

같은 날 오전에는 종교 생활로 만난 모임에서 남자 고등학생이 화장실에서 불법촬영을 하다 현행범으로 붙잡힌 얘기와 학교를 가지 않겠다는 아이를 둔 부모의 얘기를 들었다. 남자 고등학생은 성적이 상위권이다. 아이의 부모는 다른 사람들이 어떻게 생각할지를 염려한단다. 또 학교에 가지 않겠다는 아이의 부모는 그 이유를 이해하지 못하겠다고 한단다.

두 아이의 행동에는 이유가 있다. 부모는 아이에게 거는 기대가 부담이 되진 않을지 살펴야 한다. 실존주의 정신분석학자인 이승욱 박사는 상담을 받으러 온 내담자의 대부분이 초기 부모-자녀 관계에 문제가 있음을 밝혔다. 그와 동시에 아이가 건강하게 자라기 위해서는 부모의 욕망을 아이에게 투영시켜서는 안 된다는 것을 강조했다.

부모는 자식을 위해서라며 사랑이라는 이름으로 이런 저런 간섭을 한다. 그러나 아이들은 이를 부담스럽게 느낀다. 사랑은 부모가 주는 일방적인 것이 아니다. 아이가 느낄 수 있는 사랑을 주어야 한다.

아이의 대답을
엄마가 대신하지
말아주세요

엘리베이터 안에서 엄마와 아이 한 명이 타고 있다. 엄마의 팔에 매달려 있는 아이에게 물었다.

"몇 살이에요?"

"여섯 살이요."

아이는 가만히 있고 엄마가 대신 대답한다. 나는 분명히 아이를 보고 물었는데 말이다.

이렇게 우리나라 부모들은 아이가 할 일을 대신해서 해주는 경우가 많다. 중고등학생들에게 부과된 봉사활동도 부모가 해주거나, 그마저도 서류상으로만 했다고 하는 경우도 있다. 이는 성적, 입시 위주의 사고 때문이다. 어떻게 해서든지 아이가 좋은 대학에 가기를 바라는 마음 때문이다.

이렇게 자란 아이들이 과연 창의적이며 자기 문제를 스스로 해결할 수 있는 사람으로 자랄 수 있을까? 최근에는 결혼 후에도 부모로부터 자립하지 못한 경우도 있다. 물론 사회구조적으로 직장을 잡기가 어려운 것도 영향을 미칠 수도 있다. 그렇지만 어려서부터 자기 자신의 일을 알아서 처리하는 힘을 길러주지 못했던 것도 한몫을 차지하고 있다고 본다.

인간은 태어날 때 홀로 태어난다. 자기 힘으로 이 세상에 적응하고 개척해 나가야 할 운명을 지닌 존재다. 아이를 잘 기른다는 것은 아이가 자기 힘으로 세상을 살아갈 수 있도록 자립심을 길러주는 것이다. 어려서부터 아이가 자신의 일은 스스로 할 수 있는 환경을 만들어주고, 또 그런 경험을 하게 해야 한다.

엄마의 과한 사랑은
아이를 불편하게
만들 수도 있습니다

　한동안 일주일에 한 번씩 어머니를 찾았다. 어머니도 나와의 만남을 기다리시면서 언제 오느냐고 항상 먼저 전화를 주신다. 어느 날은 조금 늦게 갔더니, 어머니가 기다리다 지치신 나머지 방과 거실의 불을 훤히 밝혀 두고 잠이 드셨다. 나도 잠이 들었다가 양념 냄새와 어머니가 거실과 부엌을 오가며 밥을 짓고, 미역국을 끓이고, 김치를 담그는 달그락 달그락 소리에 잠이 깼다. 아침 6시 반이 지났다.

　어머니는 내가 몇 번이나 더 김치를 담가주겠느냐며, 갈 때마다 새로 배추김치와 총각김치 등 별난 음식을 만들어 싸준다. 그날도 그랬다. 지난주가 내 생일이었던지라 엄마는 미역국을 끓여주셨고 배추김치와 총

각김치를 새로 담그셨다. 아귀찜도 챙겨 놓으시고, 큰 게도 삶아 놓았다. 모두 가지고 가란다. 나는 바로 집으로 갈 것이 아니었기에, 음식을 낮 동안 차에 두면 상하므로, 김치만 가져가겠다고 했다. 그러자 어머니는 삶은 게는 쉬지 않는다면서 싸주신다.

어머니는 나를 위해서 하는 일이지만, 차에 가지고 다니면 상할 음식을 가져가야 하는 내 마음도 불편하다. 재료비를 들여 어머니가 힘들게 만들어주셨는데 음식이 상하게 될 것 같아 속상하다. 어머니의 마음은 잘 알겠지만……. 과한 사랑이 오히려 자식의 마음을 불편하게 하기도 한다.

부모의 사랑을 느낄 때
아이는
올곧게 자랍니다

강의가 끝나고 특별한 일이 없는 한 어머니한테 간다. 어머니는 늘 내가 좋아하는 새 김치를 담가두고, 밥상에는 미역국을 올린다. 나를 만나는 날은 생일날처럼 차려주고 싶으신가 보다.

김치는 별도로 챙겨 가져가도록 주신다. 내가 집을 나설 채비를 하는 동안 어머니는 벌써 김치통과 반찬통을 들고 나가셨다. 무거우니 넘어지기라도 할까 걱정이 되어 그냥 놔두라고 했는데, 나도 모르는 사이 벌써 나가계신 것이다. 모습이 보이지 않아 찾아보니, 주차장에 세워둔 내 차 옆에 김치통을 갖다 놓으셨다. 내가 떠날 때 보니 어서 가라고 손을 흔드시면서 한참을 바라보고 계신다. 이게 부모의 마음인가 보다.

요즘 젊은 부부들 중에는 아이를 좋아하지 않는 부부도 있고, 아이는 좋아하지만 아이 기르는 것을 부담스러워 하는 부부도 있다고 한다. 그렇지만 예전의 부모들은 대부분이 자식들에게 무조건적으로 헌신하는 모습을 보여주었다. 그 헌신적인 사랑은 자녀들이 이 세상을 버티며 살아갈 수 있는 원동력이 되었다. 나도 고등학교부터 부모님을 떠나 객지에서 생활했는데, 힘들 때는 부모님의 헌신적인 사랑을 생각하며 마음을 다잡았다. 사람을 세우는 것은 이렇게 진정성을 느끼게 하는 사랑이다. 부모가 자식에게 절대적인 사랑을 주고, 그 사랑을 느꼈을 때 자식은 올곧게 자란다. 사랑에는 헌신이 필요하다.

지금 청년세대에겐
사랑받았다는 믿음이
부족합니다

교양과목으로 1학년부터 4학년까지 듣는 '행복론' 수업을 맡은 적이 있다. 인간은 누구나 행복하기를 원하며 행복을 추구한다. 수강 신청을 한 학생들도 마찬가지일 것이다.

어느 날의 주제는 긍정심리학이었다. 강의 중, 최근 심리학자들이 중요시 여기는 회복탄력성에 관한 언급도 했다. 회복탄력성이란 실수나 실패를 하더라도 다시 일어설 수 있는 칠전팔기, 오뚝이 같은 정신을 말한다. 이러한 회복탄력성을 갖기 위해서는 자기 자신에 대한 자존감이 높아야 한다. 그 자존감의 토대에는 어린 시기에 양육자로부터 충분히 사랑받고 인정받았다는 믿음이 있다.

50여 명의 수강생들에게 눈을 감게 하고 어린 시기를 떠올려보게 했다. 그리고 충분히 사랑받았다는 확신이 있는 사람은 손을 들어보라고 했다. 손을 든 학생은 약 10여 명에 불과했다. 물론 사랑받았다는 확신이 있더라도 머뭇거렸던 학생도 있을 수도 있다. 그렇다 해도 전체 수강생 중 1/5 정도, 즉 약 20% 정도만이 사랑받았다는 확신을 갖고 있는 셈이다.

어린 시기에 사랑받았다는 느낌이 없다면 재양육의 경험을 해야 한다. 부모나 상담가, 친구, 선후배 등에게 자신의 얘기를 들려주고 어린 시기에 상처받은 나, 화가 난 나, 슬픈 나를 위로받아야 한다. 어린 시기의 나를 긍정적으로 받아들이지 않고는 자존감을 갖기 어렵고 힘든 세파를 헤쳐나갈 용기를 갖기 어렵다.

어깨가 무거운 청년세대가 어린 시기의 나를 스스로 위로하고, 누군가로부터 사랑을 받아 건강한 사회생활을 이어나가길 바라본다.

쉽진 않겠지만,
아이에게 온전히
시간과 마음을 내줘야 해요

서울에 있는 어느 유치원에서 부모 교육을 해달라는 연락이 왔다. 만 3~5세 아이를 둔 부모들이다.

원장에 의하면, 최근에 어느 엄마는 아이 양육을 위해 다니던 직장을 그만두었단다. 그럼에도 돌보기가 힘들다며 아이를 종일반에 맡겨두고 자기 할 일을 다 마친 뒤에 늦게 데리러 온다고 한다.

유치원에 늦은 시간까지 남아 있는 것보다 다른 아이들이 집에 갈 때 같이 귀가해서 엄마와 많은 시간을 보내는 것이 아이에게 더 바람직하다. 어린이집에 늦게 남아 있는 아이들은 오후 두세 시가 되어 다른 아이들이 집에 가면 괜히 짜증을 내기도 한다. 누가 아이를 데리러 와서 초인종을 누르면 남은 아이들은 우르르 문 쪽으로 달려간다. 자기를 데리러 온 것이 아니라는 것을 알면 힘없이 뒤돌아선다. 물론 모든 아이들이 그런 것은 아니지만 많은 아이들이 보이는 모습이라고 교사들은 이구동성으로 얘기한다.

유치원이나 어린이집에 잘 적응하여 선생님이나 또래들과 잘 지낸다 하더라도, 아이에게 있어서 심리적 거리가 가장 가까운 사람은 부모이다. 가장 많은 부분을 차지하는 부모로부터 사랑받고 인정받고 싶은 것이다. 다른 무엇으로도 채워지지 않는다. 부모는 아이의 그런 마음을 잘 알아차려서 아이를 진심으로 사랑해주어 부모의 사랑을 받고 있다는 믿음을 주어야 한다. 부모의 사랑을 받고 있다는 확신이 아이를 가장 편하게 한다. 마음이 안정되고 편해야 다른 활동도 하면서 발달이 촉진된다.

아이 양육이 쉽지만은 않다. 그러나 아이에게 가장 필요한 사람은 부모임을 알자. 부모가 아이의 전부인 시절만이라도 온전히 시간과 마음을 내주자. 그래야만 아이가 건강하게 자랄 수 있다. 만약 그에 대응하지 못하게 되면, 부모는 나중에 더 큰 비용과 심리적 갈등을 겪을 수도 있다. 인간 발달의 토대를 이루는 영유아 시기에 부모는 아이와 온전히 함께해주어야 한다.

다른 사람에 대한 배려,
아이는 부모의 등을 보며
배웁니다

어느 날 저녁 도서관 입구에서 일어난 일이다. 내 양쪽 손에는 가방이 하나씩 들려 있었다. 하나는 수첩, 지갑 등 필수품이 든 가방이었고, 또 다른 하나는 간단히 식사를 챙겨온 가방이었다. 도서관 휴게실에서 식사를 마친 뒤 가방을 자동차에 갖다놓기 위해 나가던 참이다.

출입문을 몸으로 밀어서 열 생각이었는데, 마침 뒤에 젊은 엄마가 따라온다. 그 엄마의 손에도 가방이 들려 있었다. 그 엄마는 아무것도 들지 않은 빈손으로 문을 밀어서 열었다. 바로 뒤에 내가 따라가고 있으므로 잠깐 기다려주리라 생각했다. 더구나 나는 양손에 짐이 들려 있으니. 그런데 젊은 엄마는 자신만 나가고 말았다. 바로 뒤에 서서 문에 다칠까 봐 잠시 기다려야 했다. '좀 기다려주면 안 되나.'라는 생각이 순간 들었다.

앞서가는 그 엄마를 살펴보니, 한 손에 들린 가방에는 다름 아닌 도시락이 세 개나 들어 있었다. 이 도서관은 주로 학생들이 공부하는 공간으로 활용되고 있다. 많게는 하루에 천여 명이 이용한다. 그 엄마는 도서관에서 공부하는 아이를 위해 도시락을 챙겨왔다가 저녁을 먹고 난 아이의 도시락 통을 가지고 가는 것이 아닐까, 하는 생각이 들었다.

만일 그렇다면 그 아이는 어떤 아이일까? 도서관에서 엄마가 싸준 도시락을 먹으며 공부한 덕분에 학습 성과는 좋을지 모르겠다. 그러나 다른 사람에 대한 배려는 어떨까. 아이는 부모가 말하는 대로 자라는 것이 아니라 부모의 등을 보고 자란다. 내가 본 그 엄마의 뒷모습이 저토록 쓸쓸한데 아이는 그 엄마에게 무엇을 배울 수 있을까. 물론 한 가지 행동만 보고 판단하는 것은 잘못된 것일 수 있다. 그러나 많은 부모들이 내 자식이 공부하는 것에는 신경을 쓰지만, 그 외의 것에는 크게 관심을 두지 않는 경향이 있다.

부모들은 내 아이가 공부만 잘하면 됐지, 다른 사람에 대한 배려가 그리 중요하냐고 생각할지 모른다. 그렇기에 부모 자신도 내가 만난 그 엄마처럼 일상생활 속에서 다른 사람을 배려하지 않는다. 그런 부모를 통해 아이들은 생활습관과 태도를 배운다. 공부보다 더 중요한 것은 관계 속에서 필요한 배려, 공감, 절제 등의 덕목이다. 부모가 그 중요성을 먼저 깨닫고 삶으로 보여줘야 아이도 그것들을 배우며 자라난다.

더 많은 아이들을
산에서
만나고 싶습니다

"너희들 이 산이 처음 아니지?"
"아니요. 처음이에요."

노고산 정상 부근에서 만난 초등학생 아이들과 나눈 대화다. 어느 해 추석 연휴 마지막 날이었다. 추석이 일요일이었기에 대체 휴일로 주어진 날, 집에 있는 것보다 공공장소에 가서 책을 보거나 논문 정리 작업을 하는 것이 좋아 가방을 챙겨 집을 나섰다. 아파트 정문을 통과하여 도로에 들어서는데, 열린 창밖으로 보이는 가을 하늘과 풍경, 그리고 바람이 완연한 가을임을 알리고 있었다. 그 느낌이 좋았다.

차를 돌려 집으로 와 가족에게 북한산을 가자고 했다. 3시경에 집을 나서서 북한산 대신 흥국사 뒤편에 자리 잡은 노고산을 오르기로 했다.

등산로를 따라 노고산을 올라갔다. 한 시간 반 정도 지나자 정상 가까이에 닿았다. 어디선가 아이들 목소리가 들린다. 우리 일행 뒤를 따라오던 초등학생인 두 아이가 벌써 앞장서고 있다. 잠시 후에는 두 엄마와 다른 아이 한 명이 또 앞서간다. 먼저 간 두 아이는 소박한 모습에 생기가 가득하다. 나중에 따라간 아이는 약간 지쳐 있었지만 얼굴에는 화색이 만연하다.

노고산 정상은 군사시설이라 올라갈 수는 없었다. 바로 아래 헬기 착륙장이 있었는데, 그곳에 오른 아이들은 거침이 없다. 뾰쪽하게 솟아 오른 바위에 올라 맞은편에 펼쳐진 북한산 파노라마 장관을 바라본다. 어느새 내가 앉아 있던 편편한 돌을 가져가서 자기들이 앉아 있기도 했다. 한 엄마는 탈춤 춤사위를 선보인다. '그 엄마에 그 아이들'이라는 생각이 들었다. 참으로 씩씩하고 건강해 보이는 아이들이었다.

땀을 흘리며 노고산을 올라 북한산 장관을 바라본 것도 좋았지만, 자연 속을 뛰어다니는 건강한 아이들을 만난 기쁨이 더 컸다. 가지고 간 밤을 건네자 고맙다는 인사와 더불어 덥석 집어 든 모습도 보기 좋았다. 더 많은 아이들을 산에서 만날 수 있으면 좋겠다. 아이들은 자연을 느끼면서 자라야 몸과 마음이 건강해지니까.

돌쟁이 아이를 위해
쉬기로 했다는,
공무원 엄마의 용감한 선택

12개월 돌이 된 딸아이를 둔 어느 엄마를 만났다. 엄마는 모두들 부러워하는 공무원이었지만, 사표를 냈다고 한다. 아이 양육을 위해서라고 했다. 그동안 친정엄마가 아이를 돌봐주었는데, 몇 년 동안 아이와 더 많은 시간을 가져야겠다는 생각에 과감히 직장을 그만두기로 했단다.

용기 있는 행동이다. 쉽지만은 않았을 것이다. 그 결정을 내리기까지 많은 고민을 했을 것이다. 더구나 직업이 안정적이라는 공무원이었는데도 쉬기로 한 것에 큰 박수를 보내며 응원하고 싶다. 아이 양육을 둘러싸고 직장 내에서나 가정 내에서 갈등이 있었는지는 잘 모른다. 그러나 무엇보다도 아이를 생각하는 마음이 컸기 때문에 결정한 일일 터다.

많은 부모들이 아이의 교육을 위해 경제활동을 해서 돈을 벌어야 한다고 생각한다. 그래서 어린이집이나 양가 부모들에게 아이를 맡기고 직장생활을 한다. 그러나 아이는 다른 사람이 아무리 잘해주어도 엄마 아빠의 사랑을 제대로 받지 못하면 불안해하고, 사랑받는다는 느낌을 갖지 못한다. 아이에게 부모는 우주와 같이 큰 존재이다. 부모로부터 사랑을 받아야만 온전한 사랑을 받는다는 충만함을 느낄 수 있다.

만일 어린 시기에 부모로부터 받을 사랑의 부재를 경험하게 되면 이후 발달에 문제가 생길 수도 있다. 긴장, 불안 같은 병리적인 문제가 생길 수도 있는 것이다. 공무원이지만 아이를 위해 직장을 그만둔 엄마의 선택은 아쉽지만 잘못된 것이 아니다. 아이의 인격이나 성격 등이 형성되는 중요한 시점에 엄마의 부재를 경험하면 긍정적이지 않은 부분이 생겨날 수 있기 때문이다.

이 엄마는 몇 년 동안은 아이와 같이 있어 줘야겠다는 생각을 했기 때문에 육아휴직은 고려하지 않았다고 했다. 이러한 용기 있는 엄마들을 위해 충분한 기간의 육아휴직을 제도적으로 만들 필요가 있다는 생각도 들었다. 육아휴직의 제도적인 보완을 바라본다.

아이를
경찰서에
데려가지 마세요

어느 날 K 경찰서 앞을 지나다 벽면에 붙어 있는 현수막을 보고 내 눈을 의심했다.

'어린아이를 혼내기 위해 경찰서에 데려오시면
아이 마음에 상처만 남습니다.
아이의 입장에서 묻고, 듣고, 답해주는 인내의 시간보다
더 나은 훈육은 없습니다.'
라고 쓰여 있었다. 한참을 보고 있다가 촬영했다.

얼마나 많은 부모가 아이를 경찰서에 데려오기에 저런 문구를 걸었

을까? 상당히 많은 부모가 아이가 말을 안 듣거나, 말썽을 피우는 등 부모 입장에서 문제행동을 할 때 데려가는 모양이다. 오죽하면 데려갈까 하는 생각도 들기는 한다. 그러나 부모와 경찰서에 들어선 아이의 심정은 어떨까. 경찰서까지 데리고 가면서 부모는 아이에게 언성을 높이거나 좋지 않은 표정을 지을 것이다. 그런 부모의 모습을 본 아이는 나이를 떠나 불안해하고 긴장할 것이다. 상담 심리에서 가장 좋지 않은 아이의 성장 환경은 긴장하게 하는 환경이라 본다. 그런 환경에서 자란 아이는 나중에 성인이 되어서도 병리적인 문제를 가질 수 있다.

어린 시기에 자주 긴장을 하게 되면, 그때의 상황을 무의식에 가둬놓게 되고 이는 나중에 억압의 기제로 작동한다. 즉 좋지 않았던 분위기나 상황을 밖으로 드러내기보다 억압시키게 되는 것이다. 그렇게 억압된 무의식은 언젠가 폭발할 수도 있고, 문제를 일으킬 수도 있다. 그렇기에 아이가 무서움을 느끼도록 하는 것보다는 현수막 문구에 있는 것처럼 아이 입장에서 이해하려 노력할 필요가 있다.

아이의 연령별 발달 특성을 잘 알아두고, 부모 입장에서 신경 쓰이는 행동을 한다면 왜 그런 행동을 하는지 살펴볼 일이다. 말하지 않거나 밖으로 표현하지 않는 것이 오히려 아이 발달에 더 좋지 않을 때도 있다. 아이의 그런 행동을 사랑받고 싶거나, 인정받고 싶다는 신호로 받아들일 필요가 있다.

부모가 변해야
아이도 변합니다

　어린이집 교사를 대상으로 부모 교육에 관한 강의를 했다. 부모 교육의 개념과 그 필요성, 부모 교육을 계획하고 있을 시의 주의점, 부모 교육 방법 등에 대한 내용을 이야기한다. 내가 가장 중요하게 여기는 것은 어린이집에서 부모를 만나, 영유아기와 부모 역할의 중요성에 대해 부모에게 알려주고 변하도록 도와야 한다는 것이다.

　아무리 이론적으로 좋은 내용이라도 어린이집에서 실천하지 않으면 의미가 없다. 그래서 나는 교사들이 실천할 수 있는 부분에 초점을 두고 강의한다. 교사가 부모를 만나서, 자신의 아이가 지금 발달에서 중요한 시기이며 자신의 역할이 중요하다는 것을 가슴으로 확실하게 받아들이게 해야 한다.

무엇보다 아이들이 신경 쓰이는 행동을 보이면 교사들이 안타까운 마음을 가져야 한다. 그리고 그 안타까운 마음으로 부모를 만나야 한다. 예를 들어 아이가 어린이집에서 다른 친구를 꼬집는다거나 때리는 등 공격적인 행동을 보인다면 아이를 혼내기보다는 가정에서의 부모와의 관계를 살펴야 한다. 부모에게서 사랑을 확인받지 못하면 불안한 심리가 이렇게 부정적인 행동으로 표출된다.

내가 만 4세 반을 맡았을 때의 일이다. 짜증을 잘 내는 남자아이가 있었다. 아이의 엄마는 다시 대학원을 다니기 시작한지라 집에서 아이와 많은 시간을 보낼 수 없었다. 그때 아이는 엄마의 부재를 경험하게 되었고, 이에 사랑받지 못한다는 생각이 들었을 터이다. 이와 같은 심리적 불편함이 짜증으로 나타나게 된 것이다.

아이의 행동은 심리적 거리가 가까운 부모의 영향을 가장 많이 받는다. 그러므로 부모가 변하지 않으면 아이의 행동은 변하지 않는다. 부모-아이 관계의 핵심은 애착이다. 아이에게 부모가 자신을 사랑하고 있다는 확신이 있어야 심리적으로 안정감을 가질 수 있다.

아이에게 문자나 영어 공부를 강요하는 등 인지적인 교육을 강요하며 스트레스를 주어서는 안 된다. 아이가 편안하고 사랑받고 있다는 느낌을 가질 수 있어야 건강하게 자랄 수 있다.

아이가 부모를
편하게 느끼도록
지켜보고 지지해주기

2박 3일 일정으로 충주 봉황산 근처 자연휴양원에 간 적이 있다. 책만 읽고 싶어 떠난 여행에 당시 여든인 친정엄마와 둘이 함께했다. 나에게 가장 편한 사람은 엄마이다. 엄마가 나와 함께 자연으로 떠나는 것을 행복해하는 것도 이유 중 하나였지만. 신간 위주로 읽고 싶은 책 여덟 권을 챙겨왔다. 심리, 글쓰기, 시학, 뇌 과학, 아동교육, 상담학, 인생론, 그리고 조선시대 지식인이 일상생활의 기쁨을 쓴 산문도 한 권 챙겼다. 글자가 큰 책으로, 엄마가 읽을 책이다.

집에서 출발하면서 엄마가 계시는 동생네로 전화를 했다. 11시 20분 정도 도착할 것 같으니 준비하고 기다리라고 전했다. 엄마는 그러겠노라고 대답한다. 잠시 후 동생이 전화해서 집 근처 마트 앞에서 엄마가 기다리고 있다고 전한다. 시계를 보니 11시이다. 그런데 도로에서 차가 가다 서다를 반복한다. 이 무더위 속에서 기다리고 있을 엄마를 생각하니 정체되고 있는 도로가 야속하다. 도착하니 11시 30분이다. 내가 말하지 않았는데도 엄마는 3일 동안 먹을 쌀과 반찬, 과일이 든 가방 두 개를 들고 나와 부채로 더위를 쫓으며 기다리고 있다. 왜 그리 일찍 나왔느냐고 하자, "그럼 먼저 나와서 기다려야지." 할뿐, 30분 이상이나 기다렸다거나 늦게 왔다고 탓하는 말을 일절 하지 않는다.

휴양원까지 두 시간 정도가 소요되었다. 어느덧 점심시간이 지났다. 엄마는 주섬주섬 내가 좋아하는 새로 만든 배추김치와 오징어를 넣어 만든 아귀찜, 포도, 복숭아, 옥수수를 냉장고에 넣는다. 점심으로는 내가 가장 좋아하는 호박죽을 싸왔다. 쌀을 갈아 넣고, 영양에 좋은 검정콩도 들어 있다. 도착하면 점심시간이 될 것을 알고 내가 좋아하는 것으로 식사 준비를 미리 하셨던 것이다. 점심식사 후 엄마는 애기처럼 주무신다. 이틀 전 밤에 커피를 마셨더니 잠을 못 잤단다. 잠 못 자는 병이라도 생길까 봐 걱정했는데 피곤하니 잠이 온다고 한다. 인터넷으로 할 일들이 있는데, 객실 안에서는 인터넷이 되지 않아 로비에 설치된 컴퓨터로 메일을 확인했다. 로비에 있는 컴퓨터로 몇 가지 할 일을 처리하고 나니 저녁 시간이 지났다. 객실로 들어서자 전기밥통에서 무럭무럭 김이 올라오고 있고 익숙한 밥 냄새가 스멀스멀 난다. 엄마는 벌써 저녁밥을 지어놓고 나를 기다리고 있었던 것이다.

엄마는 별 말씀이 없으시다. 그냥 나를 지켜보고 지지해준다. 나에게 뭔가 해달라고 요구하지 않는다. 그래서 나는 엄마가 편하다. 영유아기는 성격, 인성 등이 발달하는 중요한 시기이다. 이 시기의 아이를 둔 엄마도 자신의 생각과 요구를 아이에게 강요하기보다는 믿어주고 지켜봐주면 아이는 내가 그러듯이 엄마를 편안해할 것이다. 그렇게 편안하고 좋은 느낌이 아이가 정신적으로 건강하게 자라게 되는 토대가 된다.

아이의 초상권을
존중해주는
부모가 됩시다

몇 년 전 여름, 한 달 정도 영국 버밍엄에 머물렀다. 어느 주말 오후에 우드게이트 빌리지 컨트리 파크를 찾았다. 나들이 나온 가족들이 보였다. 내 바로 옆에 있던 세 살쯤 되어 보이는 아이와 부모에게 다가갔다. 한국에서 왔고 아이들 교육 관련 일을 하고 있다고 나를 소개한 뒤, 아이의 사진을 찍고 싶다고 했다. 그랬더니 부모는 "아이가 아직 결정할 수 있는 나이가 아니잖아요. 그래서 어렵겠어요."라고 말한다. 그 말을 듣는 순간 사진 촬영을 허락받지 못해 기분 나쁘다는 생각보다 아이의 인권과 의사를 존중하고자 하는 부모의 마음이 읽혀져 오히려 기뻤다.

게재를 허락받지 못한 경우도 있다. 도쿄 유학할 때 만난 선배 언니가 미국인 남편을 만나 뉴올리언스에서 살고 있는데, 몇 년 전 여름에 휴가차 한국을 방문했다가 우리 집에서 며칠 묵었다. 선배에게는 그때 11살과 8살짜리 딸이 있었다. 아이들 사진을 내가 운영하는 아동발달 연구소 카페에 올려도 되겠느냐고 물었다. 아이들의 아빠는 인터넷상으로 사진이 여기저기 돌아다니는 것은 바람직하지 않다며 어렵겠다고 했다. 그때도 아이를 생각하는 부모의 마음이 느껴져 고마운 생각이 들었다.

나는 스마트폰을 사용하기 전에는 가방 속에 작은 디지털 카메라를 가지고 다니다가 아이들이 그 연령에 적절한 발달 특성을 나타내는 행동을 보이거나 하면 내가 하는 일을 밝히고 명함을 건네주면서 사진 촬영 협조를 부탁했는데, 우리나라에서는 촬영을 거부당한 적이 아직 없다. 긍정적으로 보면 나에 대한 신뢰를 보여준 것이라 볼 수 있다. 그러나 아이의 인권이나 의사 존중 측면에서 보면, 우리나라 부모들은 일방적으로 아이의 인권이나 의사와 무관하게 결정을 내리고 있다는 뜻도 된다. 사진 촬영뿐 아니라 다른 상황에서도 비슷한 경우가 많다. 아이는 피아노를 배우고 싶지 않은데 엄마는 어려서부터 악기 하나는 다룰 줄 알아야 한다는 생각에 억지로 피아노 학원에 다니게 하거나, 남에게 얻어맞아서는 안 된다는 생각으로 태권도 학원을 보내거나 한다.

심지어 서울에 사는 어느 엄마는 아이가 활동하는 집의 모든 공간에 CCTV를 설치해 놓았다고 했다. 거기에 그치지 않고, 그 엄마는 어린이집 원장에게 아이가 어린이집에서 활동하는 것을 보고 싶다며 스마트폰으로 실시간으로 볼 수 있도록 해달라고 했다. 당연히 원장은 안 된다고 했다. 아이의 인권은 전혀 생각지 않고 부모가 관리 감독자 역할을 하는 사례이다.

아직 스스로 사진 촬영에 의사 표현을 하지 못하는 아이의 얼굴을 함부로 찍고, 인터넷 여기저기에 돌아다니게 할 수 있겠는가. 또 아이의 의사와 무관하게 학원에 보내거나 방마다 CCTV를 설치해놓고 감시하는 것은 바람직한가. 아이들의 사진 촬영과 게재를 반대한 영국과 미국 부모를 통해 아이의 인권과 의사결정권, 초상권에 대해 생각해본다. 이 모든 것이 마땅히 존중받아야 할 아이의 권리이다.

후회하지 않는
부모가 되려면

초등학교 1학년 딸과 4학년 아들을 둔 아빠의 얘기다. 아이들을 키우면서 후회되는 것이 세 가지 있다면서, 자리를 함께한 38개월 아이의 엄마에게 자기처럼 후회하는 부모가 되지 말라고 당부한다.

첫 번째 후회는 스스로 하게 하지 못한 점이란다. 아이가 혼자 밥을 먹겠다고 했을 때조차도 엄마 아빠가 떠먹여주고 옷 입는 것, 신발 신는 것 등 일일이 다 해줬다고 했다. 엄마는 집에만 있었기 때문에 아이가 스스로 하게 놔두기보다는 다 해주면서 많은 시간을 함께 보냈다고 한다.

두 번째 후회는 비싼 영어유치원을 보낸 점이란다. 한 달 비용이 약 150만 원 정도 하는 곳을 3년 동안이나 보낸 것이 후회가 많이 된다고 했다. 나중에 초등학교에 들어가서야 영어를 배운 아이들과 차이가 그리 크지 않은 것을 발견했다고, 많아야 1년 정도 차이가 나더란다.

세 번째 후회는 늘 기다려주지 못한 점이란다. 아이 친구 중 영재처럼 특별히 두각을 나타내는 아이들이 있는데, 그 아이들의 부모가 지닌 공통점은 기다려주는 것이더라고. 아이가 개미를 한 시간 정도 지켜보며 놀더라도 그냥 놔두더라는 것이다.

이 세 가지 후회는 대부분의 부모에게 해당되지 않을까 싶다. 아이를 비싼 영어유치원에 보내는 것은 부모의 불안 때문이다. 아이가 좋아하지 않는데 억지로 보내게 되면 아이는 스트레스를 받게 되고, 이는 신체적, 정서적 발달에 부정적인 영향을 미친다.

이와 같이 후회하지 않기 위해서는 아이 스스로 하도록 하고, 비싼 영어유치원에 보내는 것을 신중하게 고려해야 할 것이며, 아이를 기다려 주어야 한다. 그냥 지켜봐주는 부모의 태도는 아이의 발달에 긍정적인 영향을 미치게 된다. 부모가 대신해주지 않고 아이가 스스로 하게 되면 '내가 해냈다!'라는 내적 만족감을 갖게 되고, 이러한 경험이 쌓이면 자신을 긍정적으로 생각하게 되는 자아존중감이 발달된다. 아이들은 기본적인 인지구조를 가지고 태어났다. 호기심을 유발할 수 있는 환경을 만들어주고 스스로 탐구하도록 해야 한다.

아이 양육보다
돈 버는 일을
우선해야 할까요?

　내가 진행한 부모 교육 강연장에서 울던 엄마, 강연이 끝난 뒤 나와 얘기를 나누다 다시 엉엉 울던 엄마의 모습이 눈앞에 아른거린다. 그 엄마는 아이 키우는 데 도움을 받고자 친정집에 들어갔다. 어느 기간 동안 도움을 받았으나 친정엄마 건강이 좋지 않고 친정아버지와 남편은 사업 등 자기 일로 바빠서, 지금은 엄마 혼자서 두 아이를 키운다고 한다. 최근에는 시간제 일을 시작했다. 아이들은 돌봄 교사의 도움을 받고 있다. 엄마는 일을 나가지 않는 날도 가사일이 많아 아이들 돌보기가 힘들다.

　5세인 아이는 불안이 심해서 엄마와 떨어지지 않으려 한다. 옷에다 오줌을 싸기도 한다. 불안의 정도가 너무 심해 치료를 받고 있다. 행동의 원인은 명확하다. 엄마의 사랑을 절실히 원하고 있다. 이 시기를 놓치면 더 힘들어진다. 엄마는 상황을 얘기하고 다른 가족들과 가사 분담을 하여 행복해지도록 해야 한다. 또 아이가 엄마의 사랑에 대한 믿음과 확신을 갖도록 해줘야 한다. 엄마의 방식대로가 아닌, 아이가 원하는 방식의 바람과 요구를 읽어야 한다.

지금 엄마가 우선해야 하는 것은 아이 양육이다. 아이는 기다려주지 않기 때문이다.

아이를 향한 화, 어떻게 다스려야 할까요?

"동생이 태어나자 첫째가 어리광을 부려요. 그래서 안 된다는 것을 훈육해야 하는데, 그 과정에서 어떻게 제 감정을 다스려야 하나요?"

어린이집에 부모 교육을 갔다가 질의응답 시간에 어떤 엄마가 이렇게 질문했다. 동생이 태어난 뒤 큰아이가 다시 갓난아이가 된 듯한 행동을 하는 것을 두고 정신분석학에서는 퇴행이라는 방어기제가 나타났다고 표현한다. 방어기제란, 인간이 불안감이 들 때 스스로를 보호하기 위해 사용하는 방법이다. 이 아이는 지금까지 받았던 엄마 아빠의 사랑을 새로 태어난 동생에게 빼앗기고 있다고 생각하고 있다. 그래서 다시 아이가 돼야 그 사랑을 계속 받을 수 있다고 생각하고 이런 행동을 하는 것이다. 이 아이에게는 동생이 아직 어리기 때문에 엄마 아빠가 조금 더 보살피고 있긴 하지만, 너를 여전히 사랑하고 있다는 확신을 줘야 한다.

"만 4세 남자아이를 위탁받아 기르고 있어요. 아이가 제 기대에 어긋나는 행동을 하면 저도 모르게 화가 나요. 제 감정을 어떻게 다스려야 할까요?"

보육교사 승급교육 때 받은 질문이다. 아이는 부모를 화나게 하는 행동을 하고, 부모는 당연히 화가 난다. 이 화를 다스려야 한다. 영유아기는 자아가 싹트는 시기이다. 이때 감정이 섞인 목소리와 표정을 보이거나 체벌을 한다면 아이는 자아가 손상되고 큰 상처를 받게 된다. 부모가 감정을 다스려야 한다.

옛 조상들은 '엄부자모嚴父慈母'의 양육관을 바탕으로 자녀들이 잘못된 행동을 할 때에는 훈육 차원에서 회초리를 들었다. 하지만 회초리를 들 때도 조상들은 지혜를 발휘했다. 회초리를 높은 선반(또는 시렁)에 보자기에 싼 채로 올려놓았다. 그러다 자녀가 부모의 감정을 건드리는 행동을 해서 회초리를 들어야 할 경우, 자녀가 회초리를 가지러 가는 동안 화를 내리는 연습을 했고 보자기에 싼 회초리를 몇 번에 거쳐 풀면서 화를 풀었다. 회초리가 나오면 그 회초리로 방바닥을 먼저 내리친 다음에 자녀에게 회초리를 댔다. 모든 감정을 내려놓고 교육적으로 훈육했던 것이다.

물론 지금은 회초리를 들어서는 안 된다. 자녀가 화나게 할 때는 부모 나름의 감정 내리는 방법을 갖고 있어야 한다. 하늘을 한번 올려다보거나 심호흡을 하는 등. 그렇지 않으면 부모의 감정이 자녀에게 전달되어 상처를 받고 나아가 아이의 자아가 손상을 입게 된다. 부모는 화를 다스릴 지혜를 가질 일이다.

어떻게 해야
감정을 배제한
훈육을 할 수 있을까요?

　서울에 있는 초등학교 부속 유치원에 부모 교육을 갔다. 20여 명의 엄마들이 참석했다. 주어진 시간이 짧아 영유아기의 중요성에 대해서만 언급했다. 유치원이므로 유아를 둔 엄마들이다. 영아기의 중요성을 언급하고 재양육의 경험을 해줄 것을 당부했다. 혹시 영아기 동안 아이를 충분히 사랑하지 못했다면 지금 다시 사랑을 느낄 수 있도록 해주라고 했다. 유아기의 발달 특성과 중요성에 대해서도 이야기했다. 시간이 짧았지만 질의응답 시간을 가졌다. 한 엄마가 묻는다.

　"아이를 잘 기르고 싶습니다. 그런데 아이가 잘못할 때 훈육을 하다 보면 나도 모르게 감정이 들어가게 됩니다. 어떻게 하면 감정을 절제하면서 훈육을 할 수 있을지 알려주세요."

대부분의 부모는 자식을 사랑한다. 특히 부모와 자식 간의 관계는 부부 다음으로 가까운 관계이다. 부부는 촌수로 0이고, 부모와 자식은 1이다. 이렇게 가까운 관계에서는 무의식이 작동한다. 깊은 내면에 간직된 나의 본모습이 나타나기 쉬운 것이다. 그러다 보면 본능이 절제되지 않고 드러나기도 한다.

나도 모르게 아이에게 화를 내는 것은 내면에 잠재된 분노의 감정을 아이에게 쏟는 것일 수 있다. 부모는 아이를 훈육할 때 내 본능이 그대로 발산되지 않도록 각별히 장치를 할 필요가 있다. 나의 분노가 아이에게 향하게 되면 아이는 상처를 입게 된다. 상처를 받은 아이는 자아가 손상되고, 이는 낮은 자존감으로 이어진다.

자녀의 행동에 대해 한계를 그어줄 일이 있을 때는 감정을 내려놓고 훈육해야 한다. 잠시 하늘을 올려다보거나, 숨을 세 번 세면서 호흡을 고른다거나 하는 나름의 방법을 정해두자. 감정이 실린 훈육은 아이에게 상처만 줄 뿐이다. 이런 얘기를 들려주었더니, 엄마들이 나가면서 오늘 강의 중 제일 중요한 얘기를 들었다고 한 마디씩 하며 자리를 뜬다.

제5장

아이를 둘러싼 가족 관계 속에서
제대로 양육하기

형제 사이의 싸움,
어디까지
개입해야 하나요?

새 학기 오리엔테이션을 겸한 부모 교육을 다녀왔다. 20여 명의 엄마와 한 명의 아빠가 앉아 있다. 영유아기의 의미, 중요성, 키워드, 그리고 특히 상담학적 관점에서 영유아기의 중요성에 대해 얘기를 해나갔다. 아이들 행동 중 신경 쓰이는 행동을 물어보면 답변해주겠다고 했다. 한 분이 손을 들고 질문한다. 세 살과 다섯 살짜리 아들을 둔 엄마이다. 두 아이가 하루에도 몇 번씩 싸우다 보니 매번 엄마인 자신이 개입하게 되고 큰소리를 내게 된다고 한다. 형은 엄마가 동생한테 양보만 하라고 한다면서 불만이며, 동생은 동생대로 엄마는 형만 좋아한다고 불만이란다.

형제 간 싸움은 당연하다. 특히 이 시기는 각자의 욕구가 있고 소유욕이 강해지나 다른 사람 입장에서 생각할 수 있는 사고 단계가 아니다. 스위스의 인지발달학자 피아제는 이 시기를 '자기중심적인 사고의 시기'라 했다. 다른 사람의 입장을 아직 생각하지 못하고 자신의 입장에서만 생각하는 시기라는 것이다. 형제 간 싸움은 가능하면 스스로 문제를 해결하도록 하되 꼭 개입해야 할 때는 두 사람을 공평하게 대해야 한다는 점을 대전제로 여겨야 한다. 무조건 형이나 동생 편을 들어서는 안 된다. 형이 장난감을 동생과 같이 나눠 갖지 않고 혼자만 갖고 놀려 한다면, 다음 네 단계를 밟아보자.

먼저 아이의 요구와 바람을 인정한다. 즉 "○○이가 장난감을 혼자 갖고 놀고 싶구나."라고 말해주는 것이다. 그런 다음 현재 상황을 인식시킨다. "그런데 장난감이 하나밖에 없네."라고 이야기한다. 세 번째 단계로 대안을 제시한다. "그럼 네가 조금만 더 갖고 놀다가 동생에게 줄래?" 또는 "이번엔 다른 것 가지고 놀아볼까?" "동생이 먼저 놀게 한 다음에 네가 가지고 놀까?" 등 다양한 선택지를 준다. 다만, 최종 선택은 아이가 스스로 하게 한다.

그 외에도 평소 아이들 각자와 개별 시간을 갖고 엄마가 나를 사랑하고 있다는 믿음을 갖게 하는 것이 중요하다. 엄마가 자신을 사랑한다는 확신이 없으면 형이나 동생에게 양보하지 않고 이기려 한다. 아이의 싸움은 엄마의 사랑을 차지하고 싶다는 아이들이 보내는 신호이다.

동생과
자주 싸우는
첫째 아이에게

바로 옆에서 젊은 엄마와 남자아이가 말을 주고받고 있다. 나는 아이 발달이 전공 분야인지라 아이들을 만나게 되면 관찰하거나 말을 건네게 된다. 아이에게 나이를 물었다. 아이가 대답을 하지 않자 엄마가 아이에게 "몇 살이냐고 물으시네."라고 한다. 그때서야 아이가 "여섯 살이요." 한다.

아이의 얼굴을 보니 손톱에 꼬집힌 상처가 오른쪽 뺨 가운데와 코 바로 왼쪽 옆에 있다. 어린이집이나 유치원에서 친구들이 상처를 냈나 싶었는데, 엄마가 동생하고 싸우다 그랬다고 이유를 말해준다. 서로 싸우다 충분히 그럴 수 있을 거라는 생각이 들었다. 아이가 속상해할까 봐

"동생이 형을 사랑하나 보네."라고 말해주었다.

자라면서 누구나 형제자매와 싸우면서 자란다. 6형제인 나는 손위 오빠들과 싸운 기억은 없지만 혼난 기억은 있다. 오히려 바로 아래의 남동생과는 종종 싸웠다. 우리 집에서는 여름이면 특용작물로 수박 농사를 지었는데, 동생과 원두막에서 수박밭을 지키다 동생이 수박을 따서 먹기에 나는 먹지 말라고 하다 싸운 기억도 있다.

형제자매는 정신분석학적 입장에서 보면 서로의 무의식을 나타내 보이는 관계이기도 하다. 그러다 보니 서로에게 상처를 주고받는다. 특히 어린 시기의 형제자매는 서로의 욕구가 충돌한다. 그리고 그러한 관계를 통해서 사회적 관계 기술을 익혀간다. 부모는 형제자매 간 싸움에 너무 깊이 관여하지 말고 지켜보는 것이 바람직하다. 단, 상대에게 상처를 입힐 경우는 주의를 줄 필요가 있다. 형제자매뿐 아니라 다른 사람에게 상처를 입힐 수도 있기 때문이다.

아빠와 엄마가
함께 육아를
해야 하는 이유

　어머니를 모시고 손두부 정식을 먹으러 간 적이 있다. 우리 옆에 어린 아이를 데리고 온 부부가 앉아 콩국수를 주문한다. 아빠는 음식이 나왔는데도 한참이나 스마트폰만 들여다본다. 스마트폰으로 아이 사진을 한두 번 찍어주기만 할 뿐이다. 하지만 엄마는 우는 아이 달래랴, 국수도 먹으랴 애쓴다. 아이가 칭얼대자 먹는 도중에 나갔다 들어오기도 한다. 아빠는 식사를 마치고 먼저 일어나 나가버린다. 아이와 남은 엄마에게 물었다. "아이가 몇 개월이에요?" "9개월이요." 신체적으로는 잡고 일어서는 정도이고 말은 '엄마, 아빠' 정도 한단다.

　직업이 직업인지라 이 시기에 무엇이 중요한지 몇 마디 건넸다. "아이가 하나세요?" "아니요. 셋이에요. 위로 8세, 5세 오빠가 있어요."라고 한다. 큰아이는 막내 동생을 예뻐하는데 바로 위 5살짜리 오빠가 아이에게 질투심을 느낀단다. 5세 아이가 보이는 행동은 자신도 동생처럼 사랑과 관심을 받고 싶다는 사인이라고 말해줬다. 그러면서 각각의 아이들과 개별적으로 시간을 가져 부모가 자신을 사랑한다는 믿음과 확신을 갖도록 해야 한다고 말해줬다. 직업병인가? 아니, 사랑 때문이다.

영유아 교육기관이나 도서관, 사회복지관, 기업, 교육청 등 각 기관에서 영유아를 포함한 자녀를 둔 부모를 대상으로 부모 교육을 자주 한다. 주로 참석하는 부모는 엄마인 경우가 많은데, '독박육아'라는 표현이 심심치 않게 나온다. 엄마가 혼자서 아이를 돌보면서 힘들어하면 아이에게 상호작용을 긍정적으로 해주기가 어렵다. 아빠들이 육아를 함께해야 하는 이유이다. 영국 국립 아동발달연구소 연구에 의하면 아빠가 육아에 함께 참여한 아이들이 나중에 자라면 보다 사회적으로 유능하고 행복한 가정생활을 하게 된다고 한다. 또 아빠가 참여하는 육아가 아이의 신체 능력, 사회성, 인지 능력, 도덕성 발달에 좋은 영향을 준다는 연구 결과도 이를 뒷받침해주고 있다. 이를 '아빠 효과'라 한다.

"늘 바쁘다는 이유로 아비 노릇을 제대로 못했습니다. 지금 와서 생각하니 아비로서 한심하다는 생각이 들어 자책을 하는 요즘입니다."
자영업을 하시는 분의 이야기다. 그래도 다행이다. 지금이라도 아빠 역할에 대해 생각하게 되었으니. 한국 아빠들도 '아빠 효과'를 기억해야 할 것이다.

부모와의 관계가
이후 아이가 맺을
관계를 결정합니다

'인간심리의 이해'라는 과목을 강의한 적이 있다. 교양과목이라 수강생은 1학년부터 4학년까지 있다. 1학년이 2/3, 4학년이 1/3 정도이고, 그 외 학년이 나머지를 채운다.

이 과목에서 기대하는 바, 배우고자 하는 것, 수업 방법 등에 대해 수강생 중 몇 사람에게 물었다. 자아 찾기, 일상생활과 관련된 심리 이야기 등의 바람이 나왔다. 한 여학생이 '관계 맺기'가 어려우므로 그 문제에 대해 배우고 싶다고 했다. 그 여학생에게 어린 시절의 부모와의 관계를 떠올려보라고 했다. 그랬더니 엄마와는 애착 형성이 되었다는 확신이 있는데, 아빠와는 그렇지 못하다고 고백한다. 그럴 경우 그 여학생은 남자와의 관계에서 어려움을 겪을 것이다. 왜냐하면 남자로서의 역할 등에 대한 모델이 없기 때문이다.

성격과 인간관계의 토대를 이루는 영아기와 유아기 때는 부모를 통해 역할에 대해 배워야 한다. 정신분석학자 프로이트도 유아기 때 부모를 통해 초자아, 즉 도덕적 규범 등을 자신의 것으로 만들어 간다고 했다. 그렇지 못하면 사례에 나오는 여학생처럼 다른 사람과의 관계를 어렵게 느끼게 될 수 있다. 직장생활로 바쁘겠지만 아이는 기다려주지 않으므로 아이와의 관계 맺기에 우선순위를 두고 시간과 마음을 쏟을 일이다. 적어도 영아기, 조금 더 나아가서는 유아기만이라도 말이다.

더 많은 아빠들이
아이와 함께하는
행복감을 맛보길

　어느 날 걷기 운동을 하다 들어오던 중 집 근처 작은 공원에서 본 광경이다. 시간은 밤 10시 반경. 아빠와 엄마, 아이 셋이서 의자에 앉아 있다. 아빠는 다리를 다친 듯 깁스를 하고 있다. 아이는 엄마 주위를 맴돈다. 제법 안정된 잰걸음으로 걸어서 엄마와 같은 의자에 앉는다. 맞은편 의자에는 아빠가 앉아 있다. 아이는 아빠와 얼굴을 마주 보며 웃고, 아빠는 아이에게 '어흥' 하며 장난을 건다. 아이가 까르륵 웃으면서 아빠를 보고 '아, 아' 소리를 낸다. 그렇게 10여 분을 아빠와 아이는 서로에게 사랑의 신호를 보내며 웃고 즐긴다.

　조금 떨어진 곳에서 그 모습을 한참이나 바라보다가 먼저 자리에서 일어나 엄마에게 물었다. "아이가 몇 개월이에요?" "20개월이에요."라고 말해준다. 내가 "안녕" 하고 인사를 하자 아이도 "안녕"이라고 인사를 건넨다. 아직 단어를 정확하게 구사할 수는 없었지만 자기의 생각을 충분히 표현할 줄 알았다.

아이가 잠을 자야 하는 밤늦은 시간에 아빠 엄마와 지내는 것이 조금 아쉽기는 했지만, 아이는 무엇보다 아빠와 함께 보내는 시간을 충분히 행복해하고 있었다. 아빠도 행복한 듯했고. 아이는 아빠와 상호작용을 하며 즐겁게 보냈던 시간과 느낌을 기억 속에 저장할 것이다. 정서적으로 기쁨을 느끼며 행복했던 기억은 앞으로 살아가는 데에 큰 힘이 될 게 틀림없다.

현대 아빠들은 일을 하느라 아이와 함께할 시간이 많지 않다. 주말에는 일에 지친 몸을 쉬느라 아이와 놀아주기가 힘들다. 이 아이처럼 아빠와 함께하는 일은 아이에게 축복이다. 그 축복이 아이의 모든 발달에 긍정적인 영향을 미친다는 것이 연구 결과 밝혀졌다. 아이가 아빠와 함께 시간을 보내면 아이의 사회성, 신체적, 정서적, 도덕성 발달이 확연히 높아진다는 것이다. 아빠 입장에서는 아이와 함께 지내며 아이를 통해 에너지를 얻고 행복해질 수 있다. 더 많은 아빠들이 아이와 함께하는 행복감을 맛보기를 바라본다.

아이는
어린 시절 부모가 준
사랑의 힘을
평생 안고 살아갑니다

몇 년 전 버밍엄 체류 시 본 일상 속 풍경 중 따뜻하게 남아 있는 잔상. 평화롭고 아름다운 장면이다. 터널을 이루는 오래된 나무, 사람의 손이 닿지 않은 채 빨갛게 익은 산딸기, 키 큰 여름풀, 보라색 꽃들이 가득하다. 꾸미지 않은 자연 그대로의 공원 산책로를 어린 딸과 아빠가 걷고 있다. 그것도 7시 전의 이른 아침이다. 아이는 만 5~6세 정도로 보인다. 털이 하얗고 베개 크기만 해서 아이가 안기에 딱 좋을 강아지 녀석도 함께이다.

아빠는 회색의 둥근 모자를 쓰고, 검정색 티셔츠에 청바지를 입었다.

본인에게 잘 어울리는 차림새다. 딸아이는 노란색 긴 머리를 키의 절반만큼이나 길렀다. 흰색 티셔츠와 보라색 긴 치마를 입고 있어 마치 한 송이 도라지꽃 같다. 그들이 걸어가는 공원 주변은 환하다. 아빠가 오른쪽에 서고, 딸이 왼쪽에, 그 옆에는 강아지가 종종걸음을 걷는다. 그 녀석은 아빠와 딸이 더 많은 얘기를 나누게 하기 위해서인 듯 가끔 옆으로 새서 코를 킁킁거리며 꽃과 개미들에게 인사를 건넨다.

아빠와 딸은 어떤 얘기를 나눌까. 어젯밤 꿈에서 본 달나라에 대해서 말하고 있을까. 아니면 딸에게 친구들과 어떻게 지내는지 묻고 있을까. 이번 여름에는 가족 여행으로 집에서 멀지 않은 셰익스피어 고향에 가 보자고 얘기를 나누고 있는 것일까. 아무려면 어떠리. 이슬이 채 가시기 전, 때 묻지 않은 자연으로 가득한 공원을 산책하는 아빠와 딸의 모습 그 자체가 어떤 얘기보다도 풍성하다.

딸아이는 해도 뜨기 전, 아빠와 한적한 공원을 함께 산책했던 일을 가슴에 새길 것이다. 일부러 새기려 하지 않더라도 스펀지가 물을 빨아들이듯이 자연스럽게 아이의 기억 속에 흔적을 남겨주리라. 정신분석학에는 '내면 아이'라는 개념이 있다. 그 '내면 아이'는 어른이 되었을 때 나를 조정하는 운전자와도 같다. 어린 시절에 만들어진 내면의 '나'가, 성인이 되어서도 자기 자신에게 영향을 미친다는 의미이다. 아빠와 함께했던 그 추억은 세상을 살아가다가 큰 나무도 쓰러뜨리는 거센 바람과 집채만 한 큰 파도 같은 시련을 만날 때 꺼내보는 보물이 될 것이다.

나에게도 아빠가 남겨준 따뜻한 추억이 있다. 아빠는 시골에서 농사를 지으며 살았다. 꽃을 좋아하셔서 손수 가꾼 화단에 장미를 심고, 처마 밑에는 채송화를 심었다. 음악을 좋아하셔서 라디오로 "울려고 내가 왔던가, 웃으려고 왔던가……" 고봉수의 〈선창〉이나, "사공의 뱃노래 가물거리면 삼학도 파도 깊이 스며드는데……" 이난영의 〈목포는 항구다〉 등을 즐겨 들으셨다. 아빠는 내가 학교에서 집으로 돌아올 시간이 되면 마을 어귀에 앉아 계셨다. 내가 가까이 가면 아빠는 말없이 뒷짐을 지고 한두 발 앞서갔다. 동네 골목에서 앞서가던 아빠의 따뜻한 뒷모습은 지금도 내가 힘들 때마다 나를 일으켜 세우는 힘이 되고 있다.

아이들은 어린 시절 부모가 자신에게 준 따스한 사랑의 힘으로 살아간다. 사건 그 자체보다 이미지와 느낌이 중요하다. 부모와 함께했던 일들이 주는 산들바람처럼 부드럽고 봄 햇살처럼 따스한 느낌은 아이를 편안하게 만든다. 아이는 이런 경험을 바탕으로 자신을 사랑하는 사람으로 성장한다. 이 세상을 살아갈 때 자신을 믿고 나아갈 수 있는 평생 자산을 갖게 되는 것이다. 이는 최근 세계적인 아동심리학자들이 아이들의 발달과정에서 가장 강조하는 회복탄력성의 바탕이 된다.

아이들 발달에 관한 연구에서는 어린 시절 부모가 아이에게 어떻게 해주는가에 따라 아이가 앞으로 살아갈 '인생 각본'을 쓰게 된다는 사실을 강조한다. 배우가 각본대로 연기를 하듯, 아이들은 부모와의 상호작용에서 쓰인 인생 각본대로 세상을 살아간다. 이 시기에 그런 믿음을 갖지 못하면 나중에 다 큰 뒤에도 누군가가 가까이 있어 줘야 안정된다.

제자의 아이는 어릴 때 엄마가 병원에 입원하게 되었는데, 초등학교 고학년인 지금도 부모가 옆에 있어 줘야 잠을 잘 수 있다고 한다. 자신의 일에 더 비중을 두는 부모라면 더 늦기 전에 아이가 좋은 인생 각본을 쓰게 해줘야 한다. 아이들은 결코 기다려주지 않으니까.

아이와 아빠가
몸으로 상호작용하는 것이
중요해요

　공주 마곡사 입구에서 본 광경이다. 아빠가 세 살 정도 되어 보이는 딸아이의 한쪽 팔을 잡고 들어 올린다. 이를 본 엄마가 기겁을 하며 "아이 어깨 빠진다니까, 위험하게 그러네."라고 아빠를 나무란다. 아빠는 다시 아이를 내린 뒤 손을 잡고 간다. 아이를 들어 올렸다가 팔이 빠졌다는 얘기를 들은 적은 아직 없다. 엄마의 지나친 염려가 아닐까 싶다.

　아이는 아빠의 그런 행동이 재미있고 행복했을 것이다. 아빠도 딸과 그렇게 몸으로 상호작용하며 즐겁고 행복했을 것이 틀림없다. 아이들은 아빠와 잘 지낼 경우 신체 발달과 인지 발달, 도덕성 발달 등에 좋은 영향을 받는다는 것이 연구 결과로 밝혀졌다. 엄마는 아빠가 딸과 상호작용하는 것을 지켜봐주고 지지해주고 응원해주면 어떨까. 조금 심하다 싶을 정도로 아빠가 아이들과 상호작용을 한다면 당연히 걱정은 되겠지만, 나무랄 것이 아니라 약간의 주의로도 충분할 것이다. 엄마의 지나친 걱정이 오히려 아빠가 아이들과 상호작용을 이전보다 덜 하게 되거나 그만두는 쪽으로 영향을 미치지 않을까 싶다.

아이들에게 있어서 엄마와 함께하는 시간만큼 아빠와 함께하는 시간도 소중하다. 어쩌면 엄마와 보내는 시간보다 더 기다려지고 더 즐거울 수 있다. 왜냐하면 대부분의 아빠들은 일 때문에 많은 시간을 보내지 못하기 때문이다. 아빠가 아이들과 더 자주 더 많은 시간을 보낼 수 있도록 하기 위해서는 아빠의 의지도 중요하지만, 엄마의 지혜로운 관여도 필요하다.

어떤 아빠의 사랑법,
아이의 교통카드
여유 있게 충전해주기

"혹시 무슨 일이 생길지 몰라 아이의 교통카드를 여유 있게 충전해 줘요."

중학교 3학년 아이를 둔 아빠의 얘기다. 아이는 초등학교 저학년 이후 엄마와 헤어져 아빠와 산다. 그래서 아이는 마음이 아프다. 한번은 학교가 끝난 뒤 집으로 곧장 오지 않고 버스를 타고 여기저기를 돌아다니다가 밤 10시 반이 지나서야 집에 왔다. 아빠는 아이가 돌아올 때까지 애가 탔다. 그런 일이 두 번 있었다. 미리 교통카드의 금액을 넉넉하게 충전시켜 두었기에 다행이었다. 그때 만일 교통카드에 남은 금액이 적었더라면 어땠을지……. 지금 생각해도 절로 가슴을 쓸어내리게 된다.

아빠는 아이가 학력 경쟁이 더 심해질 고등학교에 올라가면 친구들과 잘 지낼지 걱정이다. 아이는 집에 오면 학교 친구 중 두세 명의 이름을 말한다. 조만간 그 아이들을 불러 밥이라도 먹을 생각이라고 했다. 적어도 그 친구들만이라도 아이와 잘 지내어 학교생활에 흥미를 붙여, 마음이 약한 아이의 방패막이가 되어줬으면 한단다.

어느 아빠가 아이를 이렇게까지 생각할까. 감동이라고 그 아빠에게 말했다. 단, 아이가 아빠의 이런 진심을 어떻게 받아들일지가 궁금했다. 조만간 아이를 만나 아빠의 진심을 들려줄 생각이다.

아이가 안정된 마음으로 학교에 다니기 위한 가장 중요한 전제 조건은 아빠의 사랑과 진심을 믿는 것이다. 아빠가 간섭하거나 잔소리를 한다고 받아들이지 않아야 한다. 자신을 진심으로 사랑하고 있다는 것을 믿어야 한다. 아이가 여기저기 돌아다녔던 것은 신호를 보낸 것이다. 마음이 아프다고, 마음이 허전하다고, 그래서 사랑받고 인정받고 싶다는 표현이다. 아빠도 아이를 이해하고 그 마음을 안아주고 보듬어주어야 한다. 이 아이에게는 아빠의 사랑이 가장 강력한 약이다. 그 사랑은 아빠만의 방식이 아닌, 아이가 느낄 수 있는 방식의 사랑이어야 한다.

점차 늘어나는
할머니의 육아,
어떻게 봐야 할까요

"할머니인 제가 아이를 주로 키우는데 아이가 할머니만 찾아요. 아들과 며느리는 서울에 살고 있고 주말에만 아이를 보러 와요. 그때도 두 사람이 힘들까 봐 제가 끼고 있고, 잘 때도 함께 자요. 그런데 저와 늘 같이 지내서인지 아이가 말이 늦어요." 서울 근교에 있는 어린이집 부모 교육에 참석한 할머니의 얘기다.

또 다른 어린이집 부모 교육을 할 때였다. 한 할머니가 교육을 받으러 왔다. 할머니는 32개월 된 외손주를 돌보고 있다. 어린이집 등·하원은 물론 집에 돌아가서도 아이는 '엄마 저리 가. 할머니와 놀 거야, 할머니와 잘 거야.'라고 한단다. 엄마는 잠시 아이와 놀아주기는 하지만 누워서 스마트폰을 함께 들여다보는 정도라고 한다. 아이는 장난감이나 다른 물건에 애착을 보이는데, 이에 대해 할머니는 아이가 물건에 대한 욕심이 많기 때문이라고 생각하고 있었다.

　교육을 하던 중 영아기 때 엄마가 아닌 다른 사람이 주 양육자가 될 경우 성장한 뒤에 심리적 문제가 생길 수 있음을 얘기했다. 그러면서 할머니는 옆에서 도와주는 정도만 하라고 했다. 첫 번째 사례의 경우는 아들 며느리와 아이 양육을 어떻게 할지 신중하게 논의할 것을 권했다. 아이를 엄마 아빠가 있는 곳으로 데려가거나, 할머니가 그곳에 가서 키우거나. 부모가 이 상태로 계속 직장을 다닐지 말지까지 고려해보라고 했다. 엄마가 아이의 주 양육자가 될 수 있도록 하는 것이 멀리 보면 아이 발달에 바람직하기 때문이다. 두 번째 사례의 할머니는 부모 교육을 받으러 온 것이 참 다행이라며, 자신은 딸을 도와준다는 입장에서 외손주를 데리고 잤는데 당장 지지고 볶더라도 자기 식구들끼리 지낼 수 있도록 자신의 집으로 돌아가겠다고 했다. 할머니가 지금이라도 아이 발달에 무엇이 더 중요한 것인지 알게 되었으므로 다행이었다.

　그런가 하면 복지관 부모 교육에 참석한 할머니가 자신의 신세를 털어놓는다. 아들이 이혼한 뒤 손자 손녀 세 명을 키우고 있단다. 다른 아이들은 괜찮은데 유독 초등학교 4학년이 된 손녀딸이 말을 듣지 않아 밉단다. 아이 아빠도 집에 잘 들어오지 않는다고 한다. 우리나라의 부모 이혼과 조부모 양육의 현실을 잘 보여주고 있다. 안타까운 사연이다. 할머니도 힘든 삶이다. 국가적 차원의 복지 및 상담 프로그램 실시가 시급

하다.

　조손가정은 아이의 애착 형성이 가장 큰 문제이다. 아이의 부모는 지금 당장만 생각할 것이 아니라 아이의 청소년기, 성인기까지 바라보고 이 시기 아이 양육에 더 많은 시간과 마음을 기울여야 한다. 최소한 아이가 초등학교에 들어가기 전까지는 말이다.

아이들을
친정엄마에게
맡기려고 하는 엄마들에게

0세 반부터 만 2세 반까지를 맡고 있는 영아 교사들을 대상으로 하는 강의를 하던 중이었다. 쉬는 시간에 딸 셋을 두고 있는 보육교사가 상담을 요청한다. 두 딸은 결혼을 했고 직장을 다니는데, 보육교사인 엄마에게 아이가 태어나면 키워달라는 다짐을 받고자 한단다. 보육교사는 어찌하면 좋겠느냐고 묻는다.

나는 대답했다. 도와주기만 하고 딸들이 아이들을 키울 수 있게 하라고. 그래야 아이들은 부모와 애착 형성이 되고 건강하게 자랄 수 있다고. 그러자 딸들의 공부를 위해 내 책 『아이가 보내는 신호들』을 선물하겠단다. 고맙고 다행스럽다. 엄마인 교사에게 먼저 읽어보기를 권했다.

교사로서 어느 정도 영유아 발달을 이해하고 있겠지만, 딸들을 제대로 이해시키려면 본인 스스로가 가장 잘 알고 있어야 하기 때문이다.

아이는 부모의 사랑과 관심을 받고 싶어 한다. 아무리 할머니가 잘해 준다 해도, 아이의 마음은 행복감으로 충만할 수 없고 어딘가 허전함을 느끼게 될 것이다.

가정 어린이집을 방문했을 때이다. 오후 5시 반 정도 되었는데 서너 명의 아이들이 남아 있었다. 벨이 울리자 선생님이 "○○이 엄마 오셨네."라는 말을 하기도 전에 아이들이 현관 쪽으로 몰려간다. 자신의 엄마가 아니라는 것을 확인하면 힘없이 돌아선다. 선생님하고 지내고 있어도 엄마라는 존재를 기다리고 있는 것이다. 아이들은 부모와의 애착을 먼저 형성해야 한다. 그래야 건강하게 자랄 수 있다. 이 점을 친정엄마에게 아이를 맡기려는 딸들이 확실히 알아야 한다.

아이의 주 양육자는
할머니가 아닌
부모가 되어야 합니다

　밤을 새우다시피 하며 책 한 권을 읽은 적이 있다. 할머니와 그 손주가 주고받은 편지 형식의 책이었다. 할머니는 어린 손주에게 매일 편지를 썼고, 손주가 답장을 썼다. 이 두 사람의 편지글을 묶은 책이었는데, 책장마다 두 사람의 사랑이 차고 넘친다.

　책 속에는 아이가 손톱을 물어뜯고 다리를 떨며 눈을 깜박이는 습관이 있다는 내용이 나온다. 이는 불안에서 오는 증상이다. 할머니의 사랑을 온전히 받고 있지만 아이는 불안하다. 물론 그 불안은 학습에서 오는 스트레스일 수도 있고, 또는 친구관계나 집을 떠나 기숙사에서 생활하는 데에서 오는 불안일 수도 있다.

아동 심리와 임상 심리를 전공했고, 상담심리사이기도 한 내 눈에는 아이의 불안이 엄마와의 관계에서 온 것처럼 보인다. 할머니가 아무리 사랑해주더라도 엄마나 아빠와의 관계에서 애착 형성이 잘 되지 않았더라면, 즉 사랑에 대한 절대적인 믿음을 갖지 못했다면 불안의 가장 큰 원인이 된다. 물론 아이의 엄마도 아이를 사랑하고 있을 것이다. 그렇지만 아이는 어쩌면 엄마보다 할머니가 자신을 더 사랑하고 있다고 생각할지도 모른다. 하지만 아이는 엄마의 사랑을 가장 받고 싶을 것이다. 내 마음이 가장 많이 가 있는 사람, 내가 가장 사랑받고 싶은 사람은 그 누구보다 생물학적인 마음의 고향인 엄마이다.

　어린이집이나 유치원에 부모 교육을 가면 할머니들도 몇 분 참석한다. 질의응답 시간에 어느 할머니가 말씀하신다. "우리 손주가 공격적이고 말이 늦어요." 또 어느 분은 "우리 손녀는 물건에 욕심이 많고 말이 늦어요."라고 말한다. 내가 다시 묻는다. 아이는 누가 주로 돌보고 있느냐고. 할머니들은 대답하신다. "아들 며느리는 서울에서 직장을 다니고 주말에만 집에 와요. 그러면 애들이 피곤할까 봐 내가 주로 돌보고 있어요." 또 다른 할머니도 마찬가지다. "직장 다니는 딸이 힘들까 봐 딸이 퇴근하고도 내가 아이를 주로 돌봐요. 밤에도 내가 데리고 자요." 아이들 행동의 이유는 바로 여기에 있다.

　아이들은 엄마 아빠와 더 많은 시간을 부대끼며 사랑의 확신과 믿음을 가져야 하는데 그러지 못하고 있는 것이다. 이를 가리켜 전문 용어로는 애착 형성을 하지 못했다고 한다. 어느 작가가 말했듯이 할머니에게 있어서 손주는 노년의 꽃이자 하늘이 내려준 축복이고, 생명 같은 존재일 것이다. 이런 손주가 건강하게 자랄 수 있도록 돕는 길은 명확하다. 할머니는 옆에서 지켜만 주고, 엄마가 손주의 마음을 더 많이 차지할 수 있도록 내주어야 한다. 아이는 엄마가 자신을 사랑한다는 확신으로 가득 차야 하기 때문이다.

아이들의 발달에는 사람과의 관계가 중요하다고 보는 대상관계이론에서는 엄마는 아이에게 있어서 우주이고, 그 사랑에 대한 확신은 100%여야 한다고 본다. 병리적인 아이들을 만나는 세계적인 소아정신과 의사들이 최근 가장 주목하는 이론이라는 점에서 그 의의가 있다.

할머니의 사랑이
아무리 크다 한들
엄마 아빠의 사랑에 비기랴

어린이집 교사가 들려준 한 아이의 이야기이다. 어느 날 아이가 등원하지 않았다. 교사가 엄마 직장으로 전화를 하니, 엄마는 집에 있는 아빠에게 전화를 한다. 아이는 점심시간이 다 되어서야 부스스한 얼굴과 헝클어진 머리로 등원한다. 엄마가 직장에 나간 뒤 아빠와 함께 있다가 등원한 것이다. 아침도 제대로 먹지 못했다. 먹은 거라곤 식빵 한 조각이 전부다. 어린이집에서 다른 아이들은 영어, 체육 등 특별활동을 거의 다 마친 상태다.

거의 매번 이렇다. 교사는 부모에게 아이가 특별활동 시간에 참가할 수 있도록 제때 보내달라고 부탁을 하지만 지켜지지 않는다. 특별활동에 참여하지도 못하면서 엄마는 매달 비용을 다 납부한다. 아빠는 직장이 변변치 못하다. 가족과 떨어져 지방에 가서 직장생활을 하기도 했다. 결국 아이의 엄마와 아빠는 헤어지고, 아이는 할머니 집에 맡겨진다.

결국 부모의 문제로 아이가 엄마 아빠와 헤어져 할머니 손에 길러지게 된 것이다. 아이가 무슨 잘못이 있겠는가. 이 아이의 마음은 어떨까. 지금 다섯 살이면, 엄마 아빠의 부재를 다 알고 느낄 나이다. 아이는 엄마 아빠의 사랑과 인정을 받고 싶으나 받지 못하고 있다. 물론 종종 엄마 아빠를 만날지도 모른다. 그러나 그것으로 충분하지 못할 것이 틀림없다. 아무리 할머니나 주위 사람들이 관심을 보이고 보살핀다 해도, 아이가 건강하게 자라기에는 부족하다.

현장에 있는 상담가들은 어린 시절 동안 할머니에게서 자란 성인을 만나기도 한다. 그 사람들의 한 가지 공통점이 있다. 할머니가 충분히 사랑해주었어도, 가슴은 늘 비어 있고 허전했다는 사실이다. 이와 같이 엄마 아빠와 헤어져 할머니와 살 경우, 이후 성인이 되어서도 그 빈자리로 심리적 허기짐을 가질 수 있다. 제아무리 할머니의 사랑이 크다 한들 전 우주와 같은 엄마 아빠의 사랑에 미치랴. 어린 시기는 엄마와 아빠의 충분한 사랑을 받으며 자라야 한다. 그 사랑이 평생을 살아갈 힘의 원천이 된다.

어른들이 건강해야
아이들을 건강하게 기를 수 있다

인간 발달에서 가장 중요한 시기인 영유아 시기에 천착해서 연구하고 교육하고 상담을 해온 지 35년이 넘었다. 그동안 수많은 아이와 어른을 만나왔다. 긴 세월이 흘렀지만, 아이들을 둘러싼 환경은 여전히 열악하다.

무엇보다 아이들의 발달을 중심에 놓아야 하는데, 현실은 그렇지 못하다. 정작 주인공인 아이들은 빠진 채 어른 중심의 정책과 제도, 육아가 이루어지고 있다. 정책의 예를 들어보자. 2018년 정부는 보육교사 약 5만2,000명(연구팀 제시)을 새로 채용해 보호자가 원할 경우 밤 10시까지 영유아를 어린이집에서 돌보는 정책을 시행할 예정이었다. 나는 〈본질을 벗어난 보육정책(한겨레, 2018.10.2)〉이라는 칼럼을 신문에 게재하여 이 정책의 문제점을 짚었고, 다행히 이 정책은 수정·보완되었다.

발달의 중요한 시기를 지나고 있는 아이들이 잘 자라기 위해서는 그 토양이 좋아야 한다. 가장 중요한 토양은 부모이지만 교사, 영유아 교육 기관, 제도와 정책 등도 여기에 포함된다. 육아의 핵심은 '어떻게 해야 부모들이 건강하게 아이를 돌볼 수 있는가?'에 있다. 사회는 이런 건강한 부모들이 어떤 방식으로 어린이집이나 유치원 등 전문 기관과 연계하여 아이들 발달에 관여하게 할 것인가를 고민해야 한다.

그런 의미에서 부모가 심리적 안정을 가질 수 있는 상담 프로그램을 강화했으면 한다. 또 아이들과 함께하는 교사나 원장 등 모든 어른이 행복할 수 있는 프로그램과 제도, 정책도 마련되어야 한다. 우리 사회가 추구하는 가치, 문화 등도 아이들의 발달에 영향을 미친다. 그러므로 아이들을 건강하게 길러내기 위해서는 어른들이 먼저 건강해야 한다.

아이들이 보이는 행동 중 어떤 것들을 두고 어른들은 '문제행동'이나 '부적응'이라 부른다. 이는 잘못된 표현이다. 조금 신경 쓰인다는 의미에서 '신경 쓰이는 행동'이라 하자. 아이들이 보이는 행동에는 그들의 마음이 담겨 있다. 그 행동의 대부분이 사랑받고 싶은 대상에게 더 사랑받고 싶고, 관심받고 싶다는 신호이다. 그 마음을 읽어주는 어른들이 있을 때 아이들은 건강하게 자랄 수 있다. 이 책을 통해 그런 어른들이 많아지길 기대한다.

어른들이 소처럼 맑은 눈을 갖기를 바라며
최순자

부모 되는
철학 시리즈

부모 노릇은 지구상에서 가장 힘들고 까다로우며 스트레스가 따른다. 동시에 가장 중요한 일이기도 하다. "부모되는 철학 시리즈"는 아이의 올바른 성장을 돕는 교육적 가치관을 정립하고 더 행복한 과정을 만들어 가는 데 긍정적인 역할을 할 것이다.

01
아이가 보내는 신호들
최순자 13,000원

03
엄마 난중일기
김정은 13,000원

발도르프
육아예술

04
발도르프 육아예술
이정희 14,000원

06
발도르프 아동교육
루돌프 슈타이너
이정희 옮김 12,000원

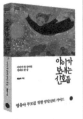

02
아이와 자꾸 싸워요
김은미 12,000원

12
발도르프 성교육
마티아스 바이스,
미하엘라 글뢰클러 12,000원

05
아빠도 아빠가
처음 이라서
정용선 13,000원

07
77년생 엄마 황순유
황순유 13,000원

08
아빠, 이런 여행 어때?
김동옥 15,000원

09
어쩌다 부부
조창현 14,700원

15
혁신을 기록하다
이혜정 외41명
12,000원

10
화내는 엄마에게
박현순 13,800원

11
육아가 유난히
고된 어느 날
이소영 13,500원

13
아빠육아로 달라지는 것들
이상범 14,000원

14
유튜브의 힘
김윤수, 이상훈, 오인화,
민선기 15,000원